橡胶树死皮康复技术研究及应用

• 胡义钰 王真辉 白先权 等 编著 •

中国农业科学技术出版社

图书在版编目(CIP)数据

橡胶树死皮康复技术研究及应用 / 胡义钰等编著. --北京:
中国农业科学技术出版社,2023.9
　　ISBN 978-7-5116-6445-7

　　Ⅰ.①橡…　Ⅱ.①胡…　Ⅲ.①橡胶树-病害-防治-研究
Ⅳ.①S763.741

中国国家版本馆 CIP 数据核字(2023)第 181954 号

责任编辑　史咏竹
责任校对　马广洋
责任印制　姜义伟　王思文

出 版 者　中国农业科学技术出版社
　　　　　北京市中关村南大街 12 号　　邮编:100081
电　　话　(010)82105169(编辑室)　　(010)82109702(发行部)
　　　　　(010)82109709(读者服务部)
网　　址　https://castp.caas.cn
经 销 者　各地新华书店
印 刷 者　北京建宏印刷有限公司
开　　本　170 mm×240 mm　1/16
印　　张　12.75
字　　数　216 千字
版　　次　2023 年 9 月第 1 版　2023 年 9 月第 1 次印刷
定　　价　78.00 元

《橡胶树死皮康复技术研究及应用》
编著委员会

前　言

　　天然橡胶是一种典型的资源约束型产业，我国适宜种植橡胶树的地区十分有限，充分挖掘橡胶树的产胶潜力、大幅度提高天然橡胶产量，是缓解我国天然橡胶短缺、促进天然橡胶产业可持续发展的主要出路。橡胶树死皮是影响天然橡胶产量的主要病害和重大限制因子，其发病机制与防治对策是急须解决的重要科学问题和生产实践问题。

　　由于橡胶树死皮危害严重，各植胶国都十分重视对橡胶树死皮的研究。多年来，围绕橡胶树死皮发生机制与防治技术，各国学者开展了大量研究工作，取得了一定进展。笔者团队一直从事橡胶树死皮发生机理解析和死皮防治技术研发工作，在橡胶树死皮发生机制与防治技术等方面取得了一系列的重要研究成果。鉴于当前橡胶树死皮高发、危害严重，而基层农业管理部门、广大农业技术人员与胶工对橡胶树死皮缺乏认知和了解，急需一本相对系统地介绍橡胶树死皮发生情况及其康复技术的图书。为此，在从事多年橡胶树死皮研究的基础上，编写了本书。全书分为两篇，共10章。上篇系统介绍了橡胶树死皮的概念、类型、成因、发生现状、发生机理及防控现状。其中，第一章介绍了橡胶树死皮的概念、分类及成因；第二章介绍了橡胶树死皮发生现状；第三章介绍了橡胶树死皮发生机理及其防控技术现状。下篇详细介绍了笔者团队10余年来对橡胶树死皮康复技术的研究应用成果及其应用前景。其中，第四章介绍了橡胶树轻度

1

死皮微量元素水溶肥料树干喷施康复技术；第五章介绍了橡胶树树干喷施结合割面涂施死皮康复组合制剂技术；第六章介绍了橡胶树死皮康复缓释颗粒调理剂防治技术；第七章介绍了橡胶树死皮康复微胶囊树干包埋防治技术；第八章介绍了橡胶树割面施用 1-MCP 调控内源乙烯康复技术；第九章介绍了橡胶树死皮康复综合技术示范与推广应用；第十章介绍了橡胶树死皮康复综合技术应用展望。本书是对笔者团队长期从事橡胶树死皮康复技术研究的全面总结，侧重论述各橡胶树康复技术的工艺研发及应用示范，既有科学理论知识，又有成熟实用、可操作的技术方法，适合相关科研人员、胶农、农场管理人员、农业技术人员及农业院校相关专业的广大师生阅读参考。希望通过此书的出版能够引起天然橡胶从业者对橡胶树死皮的重视，科学合理防治死皮，降低由死皮导致的产量和经济损失，为我国天然橡胶产业持续健康发展作出贡献。

由于笔者水平有限，书中难免存在不足和疏漏之处，敬请广大读者及专家批评指正。

编著者

2023 年 6 月

目　　录

上 篇

橡胶树死皮发生与防治技术现状

第一章　橡胶树死皮的概念、分类及成因

橡胶树死皮是一项顽症，自18世纪末被发现以来已有百余年，但至今其发病病因和机理尚不太清楚。近30年来，品种更替、机械化耕种、环境变化、养护失控、刺激胁迫、管理变革等因素使得橡胶树死皮的发生与流行趋于复杂，死皮发生状况更加严重。由于缺乏对橡胶树死皮成因的了解，很难从源头控制死皮病的发生，在防治上存在一定的盲目性。虽然国内外学者针对橡胶树死皮开展了大量的研究工作，但至今仍未取得突破性进展，致使高死皮发生态势未能得到有效遏制。

习近平总书记视察海南时曾嘱托，要把热带特色现代农业打造成海南经济的一张王牌。在热带农业中，天然橡胶具有特殊和重要的地位，天然橡胶是重要的战略物资，与煤炭、钢铁、石油并列为四大基础工业原料，也是其中唯一的可再生资源。中央国家安全委员会将天然橡胶与粮食一并列为战略物资，在总体国家安全观之资源安全中具有相当重要的地位。

目前我国橡胶树种植面积约为1 718万亩[①]，年产干胶80多万t，但我国天然橡胶自给率不足15%（刘锐金等，2022）。因此，在我国热区土地资源有限的前提下，要提高我国天然橡胶总产量、提高单位面积土地的生产效益和产业竞争力，必须充分挖掘胶园生产潜力，提高橡胶树产量。

据估计，目前世界各植胶国有20%~50%的橡胶树存在死皮现象，每年因此造成的损失率为15%~20%，相当于131万~174万t的天然橡胶产量，每年直接经济损失50亿美元左右（De Fay，2011）。我国是橡胶树死皮发病率高的国家之一，尤其在近年，死皮发病率大幅上升。2009年，全国胶园平均死皮率高达24.71%，死皮停割率14.55%，有的胶园死皮停割树竟占到60%以上（王真辉等，2014b）。高死皮率造成的巨大损失，抵消了多项栽培措施的增产效率，严重阻滞了我国天然橡胶生产能力的提

---

① 1亩≈667 m²，15亩=1 hm²，全书同。

升，已经成为目前影响国内天然橡胶单产的诸多因素中最重要的因素。

近几年，天然橡胶价格持续低迷，胶园单位产值下降，植胶户收入减少，生产积极性受挫。据中国热带农业科学院橡胶研究所的调查，海南一些地方胶园弃割弃管或不正常割胶，甚至出现了"砍胶"现象。橡胶种植周期长，抚管期为8年，开割7年左右才达到丰产期。橡胶林一旦遭到砍伐，要恢复到原来的生产能力，需要较长的时间。当前，在传统橡胶种植地区，尚没有能大面积替代橡胶的作物，大规模种植热带水果或者其他经济作物，都会遇到市场有限的问题；而且根据价格波动规律的研究，天然橡胶市场具有周期性，大面积砍伐可能错过下一个市场繁荣期，也会对森林覆盖率造成实质性影响。因此，如何提高橡胶树产量与胶园整体收益，不仅有助于稳定植胶面积、增强植胶农户和企业信心，也有助于保障天然橡胶的有效与安全供给。

减少与减轻胶园橡胶树死皮发生可以增加胶园有效割株，充分挖掘胶园生产潜力，不仅对于提高天然橡胶单产，稳定及增加我国天然橡胶总产量、保障其安全供给具有重要意义，而且也可以为稳定我国植胶区农村就业、维护少数民族团结与边疆稳定、实现绿色崛起及乡村振兴提供有力的技术保障。

完善管理与技术并贯彻科学"管、养、割"理念可以预防和减少死皮，但生产与管理的短视化使其变得难以实现，化学防治剂被视为救命稻草。目前市场上充斥着五花八门的所谓橡胶树死皮防治剂，其中有一些尚未进行系统研究试验，不但不能防治死皮，反而会对树体造成进一步损伤。因此，研发安全、有效的橡胶树死皮防治剂及其配套技术非常迫切。

一、橡胶树死皮的概念及分类

1. 橡胶树死皮的概念

天然橡胶与石油、煤炭、钢铁并称四大工业原料，是关系国计民生和国家安全的重要战略物资。因其具有良好的弹性、可塑性、绝缘性、耐磨性等合成橡胶无可比拟的综合性能，在国民经济和国防关键领域具有不可替代的作用。天然橡胶主要来源于巴西橡胶树（*Hevea brasiliensis* Muell. Arg.，以下简称橡胶树）。橡胶树是大戟科（Euphorbiaceae）橡胶

树属（*Hevea*）重要的热带经济林木。2019 年全球橡胶种植面积为
1 538.0 万 hm²，产量为 1 393.2 万 t（莫业勇和杨琳，2020）。种植面积
位居前六位的国家依次是印度尼西亚、泰国、中国、马来西亚、越南和印
度。我国属于非传统植胶区，植胶区域有限，全国种植面积约 114.7
万 hm²，主要分布在云南、海南和广东（莫业勇和杨琳，2020）。我国是
世界最大的天然橡胶消费国，年消费量约占全球的 50%，2020 年全国天
然橡胶消费量约 643 万 t，但我国的产量约 83 万 t，自给率不足 15%（刘
锐金等，2022）。如何进一步提高我国天然橡胶产量以保障天然橡胶战略
物资安全和稳定供给已成为国家重大战略需求。

天然橡胶主要来自橡胶树乳管细胞中的胶乳。生产上通过采用特制的
工具（胶刀）切割橡胶树树干部位的树皮使胶乳从割口处流出的方式获
取胶乳，这也称作割胶。正常情况下，橡胶树割胶后几乎整个割线部位都
有胶乳流出。然而，由于种种原因，一些橡胶树割胶后割线上胶乳流出断
断续续，严重时甚至完全没有胶乳排出，即所谓的死皮。橡胶树死皮是割
胶后出现的一种割面症状，表现为割胶后割线局部或全部不排胶。其中，
割线局部不排胶的具体症状有内缩（外无）、外排（内无）、中无、点状
排胶等。橡胶树死皮是我国的一种习惯性说法，也称死皮病，英文常用
"Tapping panel dryness" 表示，简称 TPD，中文译为 "割面干涸"。橡胶
树死皮成因十分复杂，至今对其发生发展规律及发生机制仍不十分清楚。

2. 橡胶树死皮的类型

根据不同的表现形式，橡胶树死皮存在不同的分类方式。根据割线是
否出现褐斑，橡胶树死皮可分为非褐皮型死皮和褐皮型死皮（黎仕聪等，
1981）。另外，根据其发生过程是否可逆，表现为具有组织坏死症状和不
具有组织坏死症状（Jacob et al.，1994），前者通常发生在常规割胶情况
下，其割线树皮变褐（De Fay & Jacob，1989）。在具有树皮坏死症状的死
皮树中，相当多的一部分属于树干韧皮部坏死病（郝秉中和吴继林，
2007）。树干韧皮部坏死属于坏死性死皮，其发生之后是不可逆的，再生
的树皮照样患病。这类死皮主要发生在非洲地区，占当地总死皮率的
80%~99%（Nandris et al.，2004），但在中国的发生率较低，对生产构成
的威胁不大；而后者在我国习惯被称为割面干涸（郝秉中和吴继林，
2007）。割面干涸是我国橡胶树死皮的主要类型，属于非坏死性死皮，其
发生过程是可逆的，通过停割、减刀、阳刀转阴刀割胶以及施用微量元素

等措施可部分或者全部恢复产排胶能力。

目前主要根据有无致病菌，将橡胶树死皮分为病理性死皮和生理性死皮两种类型（邹智等，2012）。病理性死皮由病原微生物侵染引起；生理性死皮主要是由强割和强乙烯利刺激引起的一种复杂的生理综合征（许闻献等，1995）。有学者（Putranto et al.，2015）将生理性死皮分为可逆型和不可逆型两类，即活性氧类死皮（Reactive oxygen species TPD，ROS-TPD）和褐皮类死皮（Brown bast TPD，BB-TPD）。ROS-TPD 是因乳管内活性氧过量造成的，该类死皮是可逆的。BB-TPD 是在 ROS-TPD 的基础上进一步恶化，最终组织变形、褐变而不可逆。笔者认为，我国的橡胶树死皮主要是生理性死皮，对其进行有效防治是现在和今后一段时间橡胶树死皮防治的工作重点。

生产中，人们经常根据死皮严重程度，将死皮分为轻度死皮和严重死皮。轻度死皮（Slight TPD）：3 级以下死皮，即死皮长度小于割线长度的 1/4；重度死皮（Severe TPD）：3 级及 3 级以上死皮，即死皮长度大于或等于割线长度的 1/4（表 1-1）。现有的橡胶树死皮分级标准主要是根据纵向上的死皮长度来定义，忽视了横向上的排胶宽度；然而，实际生产中，橡胶树死皮症状比较复杂，如缓慢排胶、内缩、外排、点状排胶等，这些症状更多的是体现在排胶速度（排胶是否疲劳）、排胶宽度，并非排胶长度。因此，现有的橡胶树死皮分级标准相对来说比较粗放，不够精准，还有进一步完善的空间。

表 1-1　橡胶树死皮分级

死皮等级	分级标准
0 级	无死皮病症状
1 级	死皮长度小于 2 cm
2 级	死皮长度为 2 cm 至割线长的 1/4
3 级	死皮长度占割线长的 1/4~2/4
4 级	死皮长度占割线长的 2/4~3/4
5 级	死皮长度占割线长的 3/4~4/4

二、橡胶树死皮表观特征与发生预兆

1. 橡胶树死皮表观特征

死皮植株不同割线症状如图 1-1 所示。

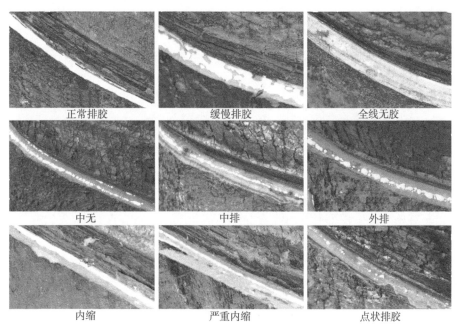

图 1-1　死皮植株不同割线症状

缓慢排胶（Slow latex flow）：指整条割线胶乳排出比较缓慢，且易在割线上凝固，影响胶乳排出。

全线无胶（No latex flow on the complete tapping cut）：或称全死，表现为整条割线均无胶乳排出。

中无（No middle latex flow）：指割线黄皮中部不排胶。

中排（Middle latex flow）：指割线黄皮中部排胶，其他部位不排胶。

外排（Outer latex flow）：或称内无，指割线黄皮内侧不排胶，割胶后在割线上只能看到割面外侧有胶乳排出。

内缩（Latex flow contraction）：或称外无、排胶线内缩，即割线黄皮外侧不排胶。由于外层乳管不排胶，导致排胶后排胶线比正常情况下明显变窄。在内缩严重时，割胶后在割线上只能看到紧靠树皮内侧一条很窄的排胶线。

点状排胶（Dotted latex flow）：指割胶后在割线上只能看到割面上的胶乳呈零星点状排出。

局部无胶（Partial latex flow）：表现为割线某一段或某几段没有胶乳排出。

2. 死皮发生预兆

（1）水胶分离，干胶含量持续下降，并在临界指标之间徘徊。

（2）排胶量骤增或长流严重。

（3）割面局部早凝，胶乳外流。

（4）割线内缩，排胶不连续。

（5）割线变色，切割时有脆爽感。

三、橡胶树死皮成因及防控策略

（一）橡胶树死皮成因

1. 割胶技术与死皮

过度刺激与强度割胶是一些胶园死皮发生加剧的主要原因，包括加刀、加线、超深割胶、延长割线、过量刺激（加大刺激剂浓度、加大用药量、加多涂药次数）和加大割线斜度等。近年来，民营橡胶发展迅猛，但民营胶园生产技术与管理总体水平较低，多数胶园在树龄20年左右就出现"有树没有皮，有皮没有水"的现象，主要原因之一就是没有进行科学合理的割面规划。如果割面规划不合理，即年割胶刀数太多或者每刀耗皮量太大，原生皮消耗过快，而再生皮尚未恢复到割胶需要的厚度，从而出现被迫中途停割或提前强割的情况，导致橡胶树生产周期缩短，明显影响经济效益。例如，云南省临沧市耿马傣族佤族自治县民营胶园普遍存在割面规划混乱的问题，其中，孟定镇四方井村和芒团村的两个胶园，割龄均小于8年，由于耗皮量大（图1-2），大约8年之后即将无皮可割，继续强割，会对再生皮造成致命的伤害；孟定镇贺海村与勐简乡大寨村两个割龄超过 20 年的胶园也出现与上述中小割龄胶园相似的问题，导致死皮率骤增，尤其是大寨村胶园 4~5 级死皮植株超过 40%，死皮发生严重程度可想而知；孟定镇罕宏村一些胶园在开割 3~5 年时就出现产量低下，橡胶树死皮率与停割率相当高，明显超出相应割龄正常范围值，其中部分胶园多数植株面临停割的现象。表面上看，除存在共同的割胶技术问题外，超深割胶的现象尤其突出，割面伤口较多（图 1-3），最终导致死皮出现；而实际上，开割后低产引起胶农割胶技术粗放是造成这种状况的根本原因。

图 1-2　耗皮量大　　　　　　图 1-3　超深割胶导致再生皮木瘤

2. 品种与死皮

对于所在植胶区主栽品种，如果没有根据不同品种特性应用适宜的割胶技术进行割胶生产，会明显增加橡胶树死皮的发生。尤其是一些高产新品种，如热研 8-79，应该根据其生产特性和生长性状进行割胶生产，调整割胶深度与刺激技术，才不至于伤树而致死皮高发，从而保证其稳定产出。2015 年笔者团队调研的 3 个民营胶园均种植品种以 RRIM600 为主，由于前期比较注意控制割胶深度，死皮发生程度并不高。因此，把橡胶树死皮绝对地与橡胶树品种联系起来失之偏颇，人为因素起着更多负面作用。

此外，经过多年推广，抗寒高产新品种云研77-2与云研77-4在云南植胶区已经成为企业与胶园更新品种时选择的主要品种。同时，人们在多年的种植与生产过程中逐渐发现，云研77-2和云研77-4在立地条件较好的地方种植时，其高产特性表现得并不明显，开割初期产量可能会低于预期。基于上述原因，国营农场更新时选择这两个品种会考虑相应的立地条件，而胶农土地有限，没有选择的余地。因此，种植的橡胶树开割后，由于产量明显低于预期，胶农会采用比较粗放的割胶技术，不但存在第一割面开线高度太低、割胶刀数偏多、每刀耗皮量大等老问题，而且超深割胶的现象尤其突出，造成割面伤口较多，最终导致死皮出现，产量更低，甚至停割，这样的情况在孟定镇民营胶园普遍存在。例如，罕宏村技术能手岩占（者店组）的400株橡胶树（品种为云研77-4）开割4年即处于上述境地，多数植株已面临停割。由此可推断，在一些立地条件下，橡胶树品种生长与生产特性在受到局限时，也有可能间接引起死皮率上升。

3. 种苗质量与死皮

种苗质量是橡胶树生产中最基础和最关键的环节。种苗质量不合格也可能造成开割初期低产，进而逐渐引起死皮高发，这类死皮看起来似乎是"天生"的，但并不是传统意义上的橡胶树死皮；目前，这种由种苗质量问题导致开割低产，进而演变成死皮的现象在各个植胶区多有发生（图1-4）。

图1-4 芽接问题造成实生性状导致后期严重死皮

2005—2010 年，广东垦区对热研 7-33-97 种苗需求量大，许多农场到海南求购种苗，一时间，合格的种苗难以满足巨大的市场需求。许多生产者没有生产种苗的资质，不搞苗圃基础建设或基础建设水平很低，生产的种苗也没有经过国家或地方有关部门的检测，不合格种苗进入市场。同时，由于缺乏种苗科学生产的知识或受利益驱使，当地多数种苗生产者没有按照种苗生产规定建设增殖圃，部分生产者甚至直接取用成龄橡胶树枝条作繁殖材料。

林木的阶段发育理论表明，树木根为幼态，距根基部越近，老态程度越低，距离越远，老态程度越高。一般认为，橡胶树幼态材料的后代在产量、生势、抗逆性等方面明显比老态无性系要好。以高部位成龄的老态橡胶树枝条作为芽条，直接影响了种苗质量，导致新开割胶园生长缓慢，产量低。在这种情况下，如为增加产量而采用不合理生产措施，会引起死皮高发。如曙光农场，不同调研点种苗来源相同，但同一胶工不同批次种苗的胶园死皮率明显不同，可以认为种苗质量是造成胶园低产，进而引起死皮高发的主要原因。购买不正规苗圃种苗将会增大胶园投产后的生产风险。

因此，在生产中，种苗生产的接穗部分应尽可能使用以科学方法按一定程序建立的增殖圃扩繁的幼态芽条，至少也应使用经纯化复壮后的老态芽条，以规避因接穗质量带来未来生产中的低产，甚至死皮严重等风险。

4. 自然灾害与死皮

低温寒害、风害是影响橡胶树生长与生产的主要自然灾害，许多胶园在生育期内会历经多次灾害，而这些灾害会对橡胶树树体产生不同程度的损伤，影响其生势，导致产量降低，甚至出现类似死皮的症状，进而成为引起死皮高发的主因。

在风害影响方面，在广东建设农场等调研点同一胶园风害前后，橡胶树树体生长与生产情况明显不同，风害后，死皮率急剧上升，超过 40%，风害重灾区胶园新开割树死皮率较高。例如，图 1-5 为海南省文昌市一民营胶园因风害引起大面积死皮。在寒害影响方面，新时代农场部分胶园局部死皮率超过 50%，推测其受小地形影响引起橡胶树遭受寒害是死皮率高的主要原因。图 1-6 及表 1-2 为广东红五月农场长年低温树体生势减弱引起死皮的状况及其胶园基本情况。图 1-7 为海南省儋州市西华农场一民营胶园遭受轻微寒害造成幼树死皮，树皮外表很正常，但内部有一层凝胶。

图1-5　风害引起树体损伤造成死皮

图1-6　长年低温树体生势减弱引起死皮

表1-2 受寒害影响红五月农场热研7-33-97死皮高发胶园基本情况

编号	连队	胶工姓名	种植年份	开割年份	割龄（年）	割制	种苗来源	停割率（%）	实地观察综合情况
1	24队	黄昌华	2010	2018	1	5天一刀	自育海南芽条	4.3	割面略显凹陷，由于生产季中期割胶过深，伤害形成层，但未伤及木质部，再生皮形成慢
2	24队	杨新妹	2006	2014	5	4天一刀	海南裸根苗	27.0	割株总株数2 844株，停割植株达769株。东南坡向沿道路向上两行橡胶树之后一直到坡顶的橡胶树全部停割；另一面坡橡胶树正常割胶。东南坡向对开阔洼地或河道
3	24队	黄仕等	2006	2014	5	5天一刀	海南裸根苗	25.0	大致为南坡，坡度约30°，半坡几乎全停割，树几乎全停割，树冠中下层枯枝较多，地面掉落的枯枝也多
4	24队	杨燕	2006	2014	5	5天一刀	海南裸根苗	32.0	2019年橡胶所死皮防控综合技术示范基地，参试橡胶树所在坡向为东南，东南坡向橡胶树几乎完全停割，坡度较缓
5	19队	练继旺	2006	2015	4	4天一刀	海南裸根苗	35.0	割株总株数1 278株，停割橡胶树停割植株较多，2015年遭受冰雹，2013年遭受水雹，西南坡向橡胶树停割植株447株。西因年年遭受台风，2016年年初、年底遭受寒害害蚜干，2013年

图 1-7　轻微寒害造成幼树死皮

5. 土壤质量与死皮

土壤质量下降，如第二、第三代胶园，肥料投入较少、表土流失、除草剂的施用等造成土壤贫瘠。植胶环境不好，则胶树获取营养条件差，生理上合成胶乳能力弱，因此产量低，死皮率高。营养条件差、橡胶树抗逆性能弱、病虫害发生频繁、抵御自然灾害能力下降等，也会导致橡胶树低产与死皮增加。如表 1-3 和图 1-8 所示，广东农垦柬埔寨春丰公司橡胶基地，因土地贫瘠，树体瘦小，死皮率高。另外，除草剂用量过大，伤害吸收根，影响根际营养物质的吸收，同时破坏了土壤根际微生活环境，也会造成减产与死皮。

表 1-3　2022 年春丰公司橡胶树死皮情况

编号	地块	品系	种植年份	种植面积（hm²）	种植苗数（株）	存苗数（株）	开割年份	死皮率	死皮株数（株）
1	6.3IJ	RRIM 2002	2013	46.44	24 928	16 058	2020	80%	12 846
2	6.3GH	RRIM 2002	2013	38.92	19 907	10 875	2020	80%	8 700
3	6.2IJ	PB260	2012	47.43	24 831	14 677	2020	90%	13 209
4	6.2GH	PB260	2012	44.47	22 138	10 887	2020	30%	3 266
5	6.4IJ	RRIM 2025	2013	11.27	5 612	3 887	2020	30%	1 166
6	2.4AB	PB260	2011	34.00	15 772	8 922	2019	40%	3 569
7	2.4CD	PB 260	2012	45.51	21 283	12 364	2019	50%	6 182
8	2.4EF	PB 260	2012	34.97	18 686	10 353	2019	70%	7 247

（续表）

编号	地块	品系	种植年份	种植面积（hm²）	种植苗数（株）	存苗数（株）	开割年份	死皮率	死皮株数（株）
9	2.4IJ	PB 260	2012	26.31	12 924	6 598	2019	60%	3 959
10	2.5IJ	RRIM 600 PB 260	2012	42.67	12 982	12 982	2019	40%	5 193
合计				371.99	179 063	107 603			65 337

图 1-8　春丰基地开割胶园

6. 生产管理与死皮

近 30 年来，品种更替、机械化耕种、环境变化、养护失控和管理变革等因素使橡胶树死皮的发生与流行趋于复杂，死皮发生状况更加严重。如果忽视或放松生产管理细节（施肥、抚管与割胶技术等），就会造成死皮率明显增加。例如，一些农场热研 7-33-97 死皮率高的主要原因与乙烯利不合理使用有关，在死皮率较高的林段能看到普遍性的割面明显隆起现象，即因外源乙烯利促进树皮薄壁细胞分裂，使细胞数目增多，导致施药部位及其附近树皮发生肥肿、增厚（图 1-9）。对于橡胶树主栽高产品种而言，经长期高浓度超量乙烯利刺激，不但使多数植株过早形成死皮，甚至停割，而且由于过度攫取产量会使树体完全失去产胶能力，采取任何措施也难以恢复。另外，在广东垦区一些农场热研7-33-97胶园也发现，上一年生产季中期割面明显凹陷，显示超深割胶迹象。

图1-9　过度刺激导致割面明显隆起

7. 经营属性与死皮

民营胶园基本可以分为两类，一类是集约化种植和生产为主的地方农场和个体植胶户联合经营的股份制胶园，另一类是自主生产和经营的个体植胶农户。由于与国营农场在宜胶地资源、管理体制和经营模式等方面存在差异，2000年前，民营胶园橡胶树品种配置和树龄结构相对单一，中小割龄橡胶树面积较小，可割树趋于老龄化，是死皮率较高的原因之一；而2000年后，受橡胶价格走高激发，民营植胶发展迅猛，加之民营胶园与个体植胶户更容易接受或尝试种植新品种，民营胶园橡胶树栽培品种呈现多样化趋势，但管理经验和生产技术方面的差异是导致民营胶园死皮率高于国营农场的直接原因之一。缺乏组织的个体植胶农户，由于基层农业技术服务以及胶农自身素质参差不齐，胶园橡胶树死皮率也明显不同，但个体植胶农户对橡胶树死皮的认识以及对死皮的主动防控意识仍极其缺乏。靠近国营农场的个体植胶农户会潜移默化地受到农场的影响，在管理与生产技术方面向农场学习，死皮发生状况也有较大改观，甚至在有的个体植胶农户或类似合作社的民营胶园，橡胶树死皮发生情况低于周边国营农场。

8. 天然橡胶价格与死皮

2000 年后，天然橡胶价格持续走高，直到 2011 年年初达到 4.35 万元/t 的高点。这段时期，橡胶树死皮率同样增长明显。孟定农场数据显示，2013 年以前，4~5 级死皮率每年递增 2.5%；而到 2014 年后，橡胶树死皮率却有所下降，这可能与 2012 年后天然橡胶价格持续低迷有一定关系。但对于以天然橡胶生产为单一经济作物的多数小型民营胶园来说或许存在另外一种可能，为了增加单位面积收入，即使在天然橡胶价格低迷的时候，同样会存在强度割胶，死皮率同样增加明显。耿马县大部分民营胶园存在上述问题，虽然目前有些胶园死皮率与停割率并不高，但由于普遍存在耗皮量大的问题，再生皮割胶时会导致伤树，进而严重死皮。此外，天然橡胶价格过低，企业与胶农为节约成本，放松管理与生产技术要求，也会导致死皮率上升。

9. 小　结

通过近些年来对胶园的实地走访和调查，笔者综合分析了发生死皮的可能原因。死皮的发生主要与割胶技术、品种、种苗质量与自然灾害紧密相关；此外，胶园的生产管理措施、经营属性与天然橡胶价格也是影响死皮发生的重要因素。因此，要想减少死皮的发生，必须综合考虑各种因素，同时，植胶管理部门应及时调查胶园的死皮情况，分析死皮发生的原因，制定合理的补救措施，才能减少死皮的发生。

（二）橡胶树死皮防控策略

橡胶树死皮是制约天然橡胶生产发展的重要因子之一，对其进行有效的防控成为急需解决的生产实践问题。自 20 世纪初发现橡胶树死皮以来，人们为寻找发病原因和探索发病机理投入了很大的精力，研究涉及生理学、病理学、生物化学、组织解剖学、分子生物学和遗传学等多个学科，但至今对死皮的成因、发生发展规律仍不清楚。关于橡胶树死皮的病因，还未找到其最根本的原因，因此也就很难开发出高效的药剂和防控技术。目前，应对橡胶树死皮的总体原则是"预防为主，综合防治"：一方面，应以预防为主，加强管理，正确处理好管、养、割三方面的关系，同时应加强耐性品系的选育；另一方面，针对不同的死皮类型、严重程度，可通过减刀、减药、停割、割面轮换或使用死皮防控药剂等措施部分或全部恢复死皮树的产排胶功能。

1. 选育耐割耐刺激的橡胶树新品种

橡胶树的生长寿命约 60 年，经济寿命可达 30 年以上，有的甚至长达 40 年，因此，选用高产、高抗、耐割、耐刺激的优良品种显得尤为重要。不同橡胶树品系（不同基因型）的死皮发生率存在明显差异。例如，无性系海垦 1、RRIM707、RRIM513、RRIM501、RRIM600、PB5/63、RRIC101、PB25/59、GL1、RRIM623 和 PB260 对死皮敏感，PB235、PB86、RRIC100 和 GT1 次之，而无性系 PR107、RRIM513、热研 7-33-97、热研 88-13、AVROS 2037 和 AF261 相对耐死皮。通常，代谢活性强、堵塞指数低、产量高的无性系相对容易死皮。另外，不同品种耐割耐刺激的程度也存在明显差异，例如，BD5 的耐割程度明显强于 Tjir1 和 PR107，而 PR107 耐乙烯刺激的程度明显强于 RRIM600；不同品系适合的割线长度和割胶频率也不同，强割时，Tjir1 适于延长割线、不适合增加割胶频率，而 PR107 适合延长割线或提高频率；一般来讲，堵塞指数越低、排胶越流畅的品系，越不耐割耐刺激。研究表明，耐割特性可以遗传，例如，以不耐割品种海垦 1、RRIM513 和 PB5/63 作亲本的杂交后代热研 6-4（PR107×海垦 1）、热研 217（PR107×RRIM 513）和大岭 17-155（PB 86×PB5/63）均表现出不耐割、易死皮的特点。因此，耐死皮程度及耐割、耐刺激是一种遗传性状，可以通过选育种的方式即遗传手段筛选到耐割耐刺激的新品种。希望育种工作者能将耐割、耐刺激、耐死皮作为橡胶树一个重要的性状纳入新品种选育的指标中。通常橡胶树传统育种需要 30 年，这是个漫长的过程，通过现代生物分子育种或橡胶树性状早期预测等技术手段培育耐割、耐刺激、耐死皮新品种或许是个很好的选择。

2. 建立中心苗圃，规范种苗生产，保证种苗质量

应该建立正规的种苗生产基地或苗圃，严格按标准生产橡胶种苗，规范橡胶种苗的生产和运作。最重要的是按普通苗圃量的 10% 配建增殖苗圃，确保增殖圃品种纯度，严防采条混淆品种导致质量低劣，严防芽接品种错乱。健全市场准入制度，加强种苗质量管理，开展橡胶苗圃清查工作，依据清查结果建立苗圃基地档案，取缔不具备三证（营业执照、生产许可证、经营许可证）的种苗生产经营户。此外，要建立苗圃基地质量认证制度，并实行售前种苗质量检验制度，橡胶产业主管部门（或其授权的组织）对每批次待售苗木进行质量检验，保证种苗生产安全，减少"天生"橡胶树死皮植株，提高产量。此外，保证种苗质量，注重生产与管理，减轻开割初期对橡胶树产量的过度攫取，合理施肥，有助于增强树势，一定程度上可以降低橡胶树个体植株对割胶生产的敏感度，提高抵御自然灾害的能力，减缓或减轻死皮发生。

建立无病苗圃，铲除患病幼树。橡胶树丛枝病是由类菌原体（MLO）以及球形、椭圆形的类立克次氏体（RLO）复合侵染所引起的一种传染性病害，其芽接传病率为22%左右。有丛枝病的芽接树（图1-10），90%会同时发生褐皮病（橡胶树死皮的一种），其余在0.5~1.0年也会发生褐皮病，两者关系密切。目前生产中，橡胶苗木以无性繁殖为主，如果误用带丛枝病的芽条或砧木嫁接的苗木，这将导致以后胶园大量发生褐皮病。据调查统计，增殖苗圃中一个丛枝病树桩在生产胶园可形成24株褐皮病树，并作为侵染来源，继续传播病害，危害

图1-10　成龄橡胶园橡胶树丛枝病

其他健康的橡胶树，引起死皮，进而造成更大的经济损失。因此，为了避免患病橡胶树污染苗圃及流入胶园，要不定期地检查苗圃，特别是增殖苗圃，一旦发现患有丛枝病（也包括根病等其他易传染的病虫害）的植株就要及时连根挖起并集中烧毁；同时，幼树定植1~3年内，要定期查看林段，一旦发现枝条变扁、畸形、缩节、丛枝、顶部叶片变小成簇或有其他病虫害的患树就要坚决挖除，进行相关处理后再补换新苗。

3. 选择宜胶林地

宜林地规划是橡胶种植业成败的关键，选地时应根据橡胶树对环境条件的要求进行。随着橡胶树栽培北移在我国的成功及天然橡胶价格的上涨，很多农场和胶农都在想方设法扩大橡胶树的种植面积，这其中包括许多非宜胶林地。实践表明，橡胶树的产胶能力受其生长环境（地域）影响很大，如气候、土壤、水分等都会直接影响到橡胶树的生长和胶乳的形成。同一品系在同等气候条件下，在土壤肥沃、水分充足的地方，橡胶树生长茂盛、树围增粗快、树皮厚而软、乳管饱满、胶乳多、树皮结构界线明显；而在土壤贫瘠、水分不足的地方，橡胶树长势差、围径增粗慢、树皮薄而硬、乳管细少且紧靠水囊皮、胶乳少。通常，在正常割胶强度下，立地环境条件好的橡胶树产胶多、死皮少。Nandris 等（2004）对橡胶树干韧皮部坏死（TPN，橡胶树死皮的一种）的研究发现，早期患树发生的位置不是随机的，主要发生在靠近沼泽、胶园道路、风干行、原推土机过道、树桩残余地和斜坡缓冲地等区域；土壤物理参数（如土壤紧实度）测定表明，患树较差的根系与土壤较高的紧实度有关；PMS 压力计测定表明，患树存在严重的水分胁迫。因此，为减少胶园死皮发生率，在规划胶地时，要尽量选择气候条件好、雨水充足、土壤肥沃、地势平坦开阔（坡度小于 35°）等宜胶林地，而避免路边、山顶、低洼等地。

4. 针对地域环境和品系特点选择合适的割胶制度

由于不同品系耐割、耐刺激程度不同，并且同一品系在不同生长环境下的长势和长相也存在明显差异，因此，在某一特定的地域条件下，有必要根据品系特性选择合适的割胶制度。由于我国胶园分布于不同纬度，地理环境不同、气候条件复杂、主栽品种不同，因而不同地区要套用同一种割胶制度很难适合。一种特定的割胶制度一般都包含割线长度、割胶深度、割胶频率及刺激剂使用情况等内容，而割线长度、割胶深度、割胶频率及刺激割胶等都与死皮的发生率与轻重程度密切相关。一般来说，割线越长、割胶越深、割胶越频繁、越多采用刺激割胶，橡胶树损伤越大，死皮发生率越高、发生程度越严重。

（1）严格控制开停割标准，合理进行割面规划

开割标准：对新开割的林段，同林段内离地 100 cm 处树围达 50 cm 的橡胶树占总株数的 50% 时，正式开割。已开割的林段，第一蓬叶已老

化植株达到80%以上方可动刀开割。对物候不整齐植株，叶片老化比例达80%以上的，按达标植株对待。

停割标准：单株黄叶（或落叶）占全株总叶量50%以上，单株停割；一个树位有50%停割株的，整个树位停割；一个生产单位有50%树位停割的，全单位停割；早上8时胶林下气温低于15℃，当天停割，连续3~6天出现低温停割的，当年停割；年割胶刀数或耗皮量达到规定指标的，停割；干胶含量已稳定低于冬季割胶控制线以下的，当年停割。

割面规划：刺激割制芽接树新割线下端离地面高度，第一、第二割面为110~130 cm，再生皮割面按原高度不变；非刺激割制芽接树新割线下端离地面高度，第一割面为130~150 cm，第二割面为150 cm，同一林段内割线方向要一致。

割线倾斜度：阳线割线自左上方向右下方倾斜25°~30°，阴线割线自左上方向右下方倾斜40°~45°。

（2）严格控制割胶深度及厚度

割胶对橡胶树来说是一种反复的机械伤害，而机械伤害必然导致一些细胞、组织的死亡。割胶的原则是最大限度地割断产胶能力强的成熟乳管，而尽量不要伤及运输光合同化物等的筛管组织。橡胶树的树皮系由周皮、韧皮部和形成层等部分组成，我国割胶工人根据实践经验，将树皮划分成几个肉眼可以辨认的层次，作为掌握割胶深度的标准，这些层次由内向外分为水囊皮、黄皮、砂皮内层、砂皮外层和粗皮。砂皮内层和黄皮含有大量产胶能力强的乳管，是主要的产胶部位；水囊皮是活性筛管的主要密集地，一旦切伤就会流出水样的液体，它是有输导功能的韧皮部。研究和生产实践都表明，割胶深度越深，对橡胶树伤害越大，死皮越严重。如1978—1979年，云南热带作物科学研究所对1965年定植的RRIM600两个树位进行不同深度割胶试验，结果显示，深割到距离形成层0.115 cm，两年中死皮发生率10.6%，死皮指数8.8；深割到离形成层0.141 cm，死皮发生率3.7%，死皮指数3.3。解剖结构表明，水囊皮的厚度为0.04~0.09 cm，因此，《橡胶树割胶技术规程》规定割胶深度距离形成层的距离，刺激割制PR107等较耐刺激品种不小于0.18 cm，RRIM600等较不耐刺激品种不小于0.20 cm，非刺激割制为0.12~0.18 cm。按《橡胶树栽培技术规程》操作，一般可以避免伤及水囊皮，不直接影响筛管的物质运输。但值得注意的是，虽然很多时候割胶不直接切断筛管，但在割口及其附近，筛管层的外层筛管在伤害的影响下会毁坏，造成养分运输受阻，继而导致死皮。因此，通常割胶过程中，我们应该在追求产量的同时，适当考虑浅割。

耗皮量：d/2~3 割制，阳线每刀耗皮不大于 0.14 cm，阴线每刀耗皮不大于 0.18 cm；d/4 割制则分别为 0.16 cm 和 0.20 cm，d/5 割制则分别为 0.17 cm 和 0.21 cm，按年规定刀数计算耗皮量，每年开割前在树上作出标记，当达到规定界线后，立即停割。

（3）严格控制割胶频率

割胶频率是影响死皮发生率和严重程度主要因素之一。一般来讲，割胶越频繁、刀数越多，所造成的伤害越大、死皮越严重。实践表明，每年刚开割和年尾停割前是死皮发生的敏感期，要适当降低强度；开割前要稳得住，叶片要充分稳定老化；杜绝雨天割胶；树身不干不割；遇雨天补刀不能连刀，也不能超过 2 刀；高产季节加刀每月不能超过 3 刀；停割前1~2 个月要逐步降低强度，及时停割。

刺激割胶：采用 d/3 割制，每周期 4~5 刀，年割 60~80 刀；采用d/4 割制，每周期 3 刀，年割 50~60 刀；采用 d/5 割制，每周期割 2 刀，年割 50 刀；不能连刀、加刀，所缺涂药周期和刀数可推迟补齐，以达到所规定的全年总刀数为准。

非刺激割胶（常规割胶）：采用 s/2 d/2 割制不进行刺激的常规割胶，年割胶刀数海南为 120~135 刀，云南、广东为 105~110 刀，s/2 d/3 割制刀数酌减。

（4）合理使用刺激割胶

乙烯利在提高橡胶树胶乳产量的同时，作为一种衰老性激素，也带来了不容忽视的负面效果，因此要严格按照《橡胶树割胶技术规程》或产品说明书进行使用。采用 d/3 割制，耐刺激的品种如 PR107、PB86、GT1等开割 3 年可用 0.5%~1.0% 乙烯利刺激割胶，随着割龄的增长刺激浓度逐步提高，但最高不超过 4.0%；不耐割的品种如 RRIM600 等开割头 3 年不进行刺激割胶，第四至第五年可用 0.5% 乙烯利刺激割胶，随着割龄的增长刺激浓度可逐步提高，但最高不能超过 3.0%。若采用 d/4~5 割制，乙烯利浓度可比 d/3 割制相同割龄分别增加 0.5~1.0 个百分点。刺激割胶要尽量避免在中小龄树上应用，每月施药不要超过 2 次，并严格执行"增肥、减刀、浅割"的措施。

目前，市场上乙烯利刺激剂相关产品繁多，其中有个别是"三无"产品，是非法商家用乙烯利随意勾兑出来的，产品质量难以保证。很多消费者不懂鉴别，使用后导致胶园大面积死皮。因此建议消费者使用正规商家生产研发的、大众反应比较好的产品。

5. 对橡胶树死皮植株割线进行调整

（1）轻度死皮植株阳线割胶处理

轻度死皮的橡胶树需要养树。经过长期生产实践，采用破半割胶的措施可以减缓橡胶树轻度死皮，主要通过连续多年降低割胶强度，使多数橡胶树恢复 1/2 树围割线正常排胶。

在割胶过程中，如果发现原来 1/2 树围的割线上出现 3 级以下死皮，可以考虑在 1/2 树围的割线上采用破半割胶的措施，即将 1/2 树围的割线平分为 2 条 1/4 树围割线，以减轻割胶强度，使橡胶树轻度死皮慢慢恢复产胶。具体操作如下：将出现部分不排胶的 1/2 树围割线一分为二进行破半割胶（图 1-11a），如果破半后割线排胶正常，可以以 1/4 树围割线继续割胶。割完一年后，割线排胶仍然保持正常，第二年就可以轮换到同一1/2 树围的另一 1/4 树围割面割胶（图 1-11b）。如果在整个生产季割线排胶状况表现正常，可以以年为单位按照上述方法进行轮换。轮换到一定的年限，两个破半后割面的割线都恢复并保持正常排胶，就可以在割线割平的情况下恢复 1/2 树围单阳线割胶（图 1-11c）。如果在破半割胶之后，两个 1/4 割线不排胶现象加重，均达到 4~5 级死皮，就要转入第二割面，在距地面 130 cm 的高度进行 1/4 树围阳线割胶，方法同第一割面（图 1-11d）。但在进行割面规划时，应按照从左到右的顺序，先开割线的前半部（靠近前水线的 1/4 树围割线）进行割胶，再割后半部（靠近后水线的 1/4 树围割线）。

（2）轻度死皮植株阴线割胶处理

与阳刀割胶明显不同之处在于，橡胶树死皮植株规划割面时，阳刀是以年度轮换割面，阴刀是以高度轮换割面，都是从右边到左边进行轮换。

如果橡胶树第一、第二割面阳线割胶全部死皮，可以考虑阴刀割胶。由于常规割制中橡胶树开割的高度一般为距地面 130~150 cm 处（图 1-12a），由此向上可进行阴刀割胶的橡胶树原生皮也变得宝贵。因此，在开割阴刀的时候，也要以 1/4 树围进行阴刀割胶，而且阴线的斜度要达到40°~45°。阴刀是向上割，在原来割面的 1/2 树围中，先割 1/2 树围割线

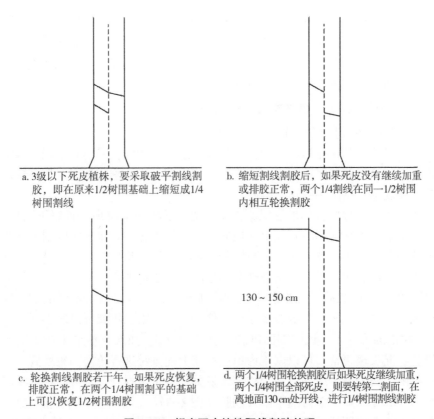

a. 3级以下死皮植株，要采取破平割线割胶，即在原来1/2树围基础上缩短成1/4树围割线

b. 缩短割线割胶后，如果死皮没有继续加重或排胶正常，两个1/4割线在同一1/2树围内相互轮换割胶

c. 轮换割线割胶若干年，如果死皮恢复，排胶正常，在两个1/4树围割平的基础上可以恢复1/2树围割胶

d. 两个1/4树围轮换割胶后如果死皮继续加重，两个1/4树围全部死皮，则要转第二割面，在离地面130 cm处开线，进行1/4围割线割胶

130 ~ 150 cm

图1-11　轻度死皮植株阳线割胶处理

的后半部，一直割到距地面 180 cm 高处，再转入前半部进行割胶。当割到距地面高度 180 cm 处时，就要考虑转面，转到第二割面的前半部，即在阴刀原生皮和阳刀再生皮交际处开第二割面前半部的阴刀线割胶（图1-12b）。当第二割面前半部原生皮割完时，还剩下第二割面后半部的阴刀皮。这块树皮相当宝贵，是整株树比较完整的一个保护面，不能轻易割胶。从第一个 1/4 割面割阴刀开始，一直割到第三个 1/4 割面，割胶时间为 8~13 年，因此，第四个 1/4 割面是否可以阴刀割胶取决于在此期间阳刀割胶再生皮和仍未进行阴刀割胶的原生皮是否能够长平。

（3）轻度死皮植株再生皮割胶处理

阴线 4 个 1/4 树围割面的原生皮（在 180 cm 以下）都已割完，这时，整株树都处在再生皮的状态。最早由于出现死皮而采用阳线破半割胶的第

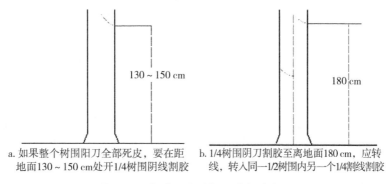

a. 如果整个树围阳刀全部死皮，要在距
地面130～150 cm处开1/4树围阴线割胶

b. 1/4树围阴刀割胶至离地面180 cm，应转
线，转入同一1/2树围内另一个1/4割线割胶

图 1-12　轻度死皮植株阴线割胶处理

一、第二割面，原生皮已经干枯脱落或者再生皮已经长好。此时，就可以考虑，如有一位置再生皮长得够厚，则可以开一条短线，进行 1/4 树围或者是 1/8 树围采胶，继续降低割胶强度，让它能正常排胶，使橡胶树死皮植株恢复产胶或能保持较低割胶强度下持续产胶。按照上述步骤对橡胶树死皮植株进行割胶，割胶生产持续时间 30 年左右。如果对橡胶树死皮植株不采取合理措施进行及时处理，就不可能连续多年排胶并逐渐恢复。如果橡胶树死皮植株在中途恢复产胶，可以以 1/2 树围单阳线进行正常割胶。如果仍然不能恢复，不论是阴刀还是阳刀割胶，按照上述方法进行破半或短线割胶是比较正确的技术措施。

（4）老龄橡胶树死皮植株的处理与复割

老龄橡胶树死皮发生情况比较复杂，轻度死皮植株可以参考前述方法进行处理。对于重度（4 级以上）死皮植株——尤其是已经停割多年的橡胶树，要根据树皮的情况进行处理。如果是爆皮或者茎干腐烂，一般采取停割的措施，直到其死皮外表皮干枯脱落之后，重新生长出再生皮。当再生皮厚度达到 0.7 cm 以上时，就可找一块完整的树皮进行复割。可以先考虑向下开割阳刀，一般采用 1/4 树围单线割胶。若阳线排胶正常，可以继续向下割。如果阳线排胶不正常，可选择阴刀割胶，但阴刀割线长度也是 1/4 树围或者超短线割胶，即割线长度接近 1/8 树围。但如果老龄橡胶树死皮类型表现的只是割线干涸，其他树体状况良好，则可以随机选择一块树皮较厚、上下连接较完整的一个 1/4 或 1/8 树围的树皮开线割胶，先往下割阳线，若阳线排胶不正常，则选择阴线。无论阳线还是阴线，只要

25

还有胶乳，都可以继续割胶，直到爆皮脱落没有完整树皮割胶为止。如果按此方法割胶若干年，橡胶树恢复较好，再生皮也达到可割胶厚度，即可以恢复1/2树围割胶。如果是割线排胶正常的情况下，还可以与正常树一样涂药，刺激割胶。这种老龄树，充分利用它的再生皮进行复割，还可以割若干年。

（5）橡胶树死皮化学防治

防控橡胶树死皮，安全割胶技术是基础，物理防治措施是预防的主要手段，化学防治方式是被动控制措施。以管、养、割技术为核心，尤其是要实行科学割胶、降低割胶强度，做到割胶与养树相结合，避免强割胶和雨水冲胶，并及时处理根病、木龟、木榴。预防风害和寒害伤皮，还要增施肥料，氮、磷、钾相配合，促进橡胶树正常生长。对橡胶树死皮植株，结合养树措施的同时，还可使用化学药剂进行死皮防治。目前，市场中防治橡胶树死皮的药剂很多，切忌病急乱用药。如果盲目使用甚至滥用，会对树体造成多次伤害，使树体彻底失去产胶能力。因此，辨别药剂产品质量的好坏十分重要。

（6）提高割工的技术水平及责任心，加强微观控制

任何一种割胶制度，对于某一株橡胶树来说不可能都是最适合的，因此，在采取统一割制进行宏观控制时，还必须靠每个胶工的微观控制。胶工是生产的主体，他们最清楚每株橡胶树的排胶情况，只有发挥他们的主观能动性，灵活运用浅割、耗皮及休割等不同手段进行调控，真正做到因树、因时割胶，才能有效控制死皮的发生。近年来，实行岗位责任制及新老工人的更替，有些胶工责任心不强，采取短期行为，有些胶工技术水平不成熟，只能勉强上岗，无心也无力对胶树的排胶进行微观调控，因此，对于割胶技术较差的胶工，要加强技术培训；同时，也要向胶工普及橡胶树生物学、死皮预兆及防控相关知识；对于责任心不强的胶工多进行批评教育，适当进行惩罚；对于防控死皮有功的人员可适当进行奖励。

第二章　橡胶树死皮发生现状

一、中国橡胶树死皮发生现状

据估计，目前世界各植胶国有 20%～50% 的橡胶树存在死皮现象，每年因此损失 15%～20%（131 万～174 万 t）的天然橡胶产量，每年造成的直接经济损失 50 亿美元左右。我国是橡胶树死皮发病率较高的国家之一，尤其是在近些年，死皮发病率逐年大幅上升。为全面了解我国橡胶树死皮现状与发展趋势，2008—2009 年，中国热带农业科学院橡胶研究所组织科研人员对海南、云南、广东三大植胶区具有代表性的 24 个国营农场和 8 个民营农场的橡胶树死皮现状进行广泛调研和分析（表 2-1）。

表 2-1　橡胶树死皮现状调查选点农场

植胶区	农垦系统国有农场（公司）	地方农场和民营胶园
海 南	乌石农场、新中农场、西联农场、龙江农场、广坝农场、中建农场、保国农场、立才农场、金江农场、红明农场、红田农场、东平农场	七仙岭农场、南辰农场、青年农场、岭脚农场、新市农场
云 南	景洪农场、东风农场、勐养农场、勐醒农场、勐捧农场	景洪市农业局经济作物工作站、景洪市嘎洒镇农业服务中心、勐腊县橡胶技术推广站管辖范围的 3 个民营胶园
广 东	南华农场、五一农场、火炬农场、红峰农场、新时代农场、胜利农场、火星农场	

调研结果显示，海南、云南和广东植胶区橡胶树平均死皮率高达 24.71%，死皮停割率为 14.55%，少数胶园死皮停割率甚至接近 60% 左右。与同一植胶区地方农场（或民营胶园）相比，农垦系统国营农场（公

司）橡胶树死皮率、3 级以上死皮率、停割率均低于地方农场（或民营胶园）。三省农垦系统国营农场（公司）死皮率和 3 级以上死皮率从低到高的顺序依次均为云南＜海南＜广东，死皮率分别为 20.77%、28.08% 和 30.90%；而橡胶树死皮停割率从低到高的顺序依次为海南＜云南＜广东，分别为 13.89%、14.23% 和 14.56%。云南植胶区农垦系统国营农场、地方农场（或民营胶园）橡胶树死皮率和 3 级以上死皮率均低于其他植胶区相应农场或民营胶园。

橡胶树死皮率和停割率均随着割龄增长呈现递增趋势，在被调研的橡胶树主栽品种中，其死皮率与停割率从低到高的顺序依次为 PR107＜GT1＜RRIM600，死皮率和停割率分别在 18.16% ~ 29.04% 和 9.55% ~ 17.57%。调研结果表明，我国三大植胶区的橡胶树死皮率和停割率在近年增加的趋势明显。

二、中国热带农业科学院试验场橡胶树死皮现状调研及分析

中国热带农业科学院试验场（简称热科院试验场）位于海南省西部儋州市境内，担负建设高标准的天然橡胶试验示范基地，确保国家天然橡胶战略物资供应的使命。近年来，该场部分胶园死皮日趋严重。为准确掌握热科院试验场死皮发生发展现状，给制定科学有效的防控措施提供理论及数据支持，也为其他农场胶园的橡胶树死皮防控提供借鉴，同时，为找出影响橡胶树死皮的可能因素，为橡胶树死皮的发生机理研究提供证据，特开展此次调查研究。

（一）调查胶园基本情况

调查的胶园为热科院试验场二队、三队、四队。调查时间为 2021 年 9 月上旬，调查面积为 2 712.6 亩，调查植株 76 229 株，割龄 1 ~ 18 年不等；绝大部分橡胶树为热研 7-33-97（57 535 株，占比 75.48%），少部分为 PR107、热研 72059、热垦 628。各连队胶园基本情况如表 2-2 所示。不涂药（前 3 年），1/2 树围，3 天一刀；第四年开始涂药，执行 4 天一刀，但会根据实际产量完成情况调整为 3 天一刀。热研 7-33-97 涂药情

况：4~5 割龄用药浓度为 0.5%；往后每增加 5 割龄，用药浓度增加 0.5%。土肥管理情况：每年施用化肥 2 次，4—5 月及 7—8 月各一次，总施肥量为 1.5~2.0 kg 复合肥；有机肥根据试验场经费情况安排每年施一次或不施；控萌压青 2 次/年。

表 2-2　各连队胶园基本情况

连队	面积（亩）	原定株数（株）	现有株树（株）	种植密度（株/亩）	保苗率	割龄（年）
二队	562.40	17 558	16 917	31.22	96.35%	1、5、7、8、10
三队	764.60	24 243	21 831	32.70	90.05%	2、3、5、11、12、13、15
四队	1 385.60	43 413	37 481	31.33	86.34%	2、3、4、6、7、8、9、11、12、16、18
总计	2 712.60	85 214	76 229	31.41	89.46%	

（二）胶园死皮发生现状

1. 胶园死皮发生整体情况

三个连队整体橡胶树平均死皮率达 43.35%，停割率为 27.72%（图 2-1）。这一数据高于 2008—2009 年本研究团队当时对全国三大植胶区调查的数据（死皮率为 24.71%，停割率为 14.55%）。各连队停割率从低到高的顺序依次为四队（24.76%）＜三队（26.20%）＜二队（36.83%）；其死皮率依次为二队（36.83%）＜四队（37.80%）＜三队（58.05%）。结果还显示，三队橡胶树死皮率相对很高，但其停割率却低于平均值，主要是因为三队死皮植株割阴刀或挖潜强度相对较强。

胶园植株死皮率及停割率随着割龄的变化趋势基本一致（图 2-2），即随着割龄增加，死皮率及停割率逐渐增大，这与李艺坚和刘进平（2014）的调查结果一致。由于死皮率和停割率不仅受割龄影响，还与品种、立地环境、胶园栽培管理、割制及胶工技术水平等因素有关，死皮率及停割率随割龄变化曲线有所起伏。由图 2-2 和图 2-3 可知，在 10 年割龄前，死皮率及停割率数值相差不大；10 年割龄后，停割率突然大幅降低，而死皮率相对保持增长，两者相差很大。这是因为，到 10 年割龄后，农场为了保证干胶产量，对前期死皮植株转割面、开阴刀或强割挖潜。不同割龄段死皮率增幅：1~5 年割龄（7.88%）＜16~18 年割龄

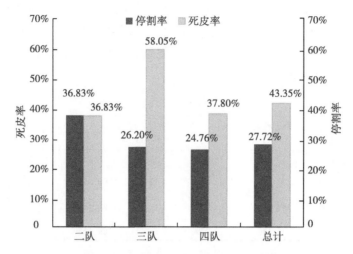

图 2-1　不同连队植株停割率及死皮率

注：停割、转割面挖潜和死皮后强割植株认定为死皮；实际在割植株中存在一部分轻度
死皮植株未停割，该部分死皮植株未统计进入，因此实际死皮率要略大于本研究统计数据。

（18.75%）＜11~15 年割龄（28.18%）＜6~10 年割龄（28.5%）。1~5
年割龄时，其死皮增幅相对其他割龄增幅较小，为 7.88%，这一数值与

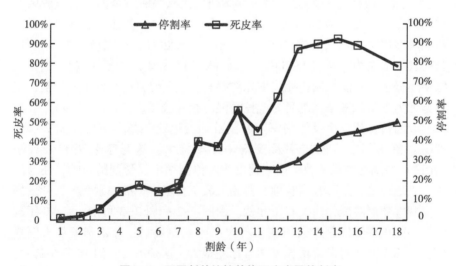

图 2-2　不同割龄植株整体死皮率及停割率

2008—2009 年全国死皮调查的数据（5 年割龄以下的橡胶树为 7.56%～7.67%）相当（王真辉等，2014b）。其他割龄的死皮率增幅随着割龄的增加有所减缓，这与蒋桂芝和宋国敏（2012）的调查结果"死皮率的幅度会随割龄的增长而呈逐渐加大的趋势"不一致，可能与前期死皮率增长幅度过大有关。6～15 年割龄的 10 年间，死皮率增加了 57.24%，平均每年死皮率增加 5.72%。这一增幅相对比较高，值得农场重视。

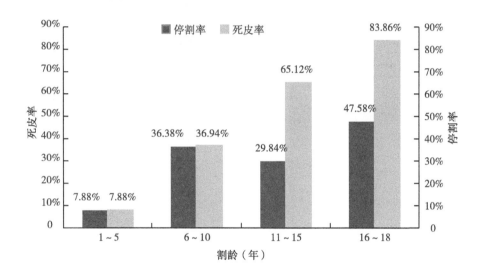

图 2-3　不同割龄段植株整体停割率及死皮率

2. 不同连队胶园死皮情况

二队橡胶树割龄相对三队、四队的较小，最大割龄仅为 10 年，多数未进行阴刀割胶，因未对死皮植株进行分级调查，只统计停割植株，图 2-4 中死皮率也即停割率。结果显示，其 5 年割龄胶园橡胶树死皮率及停割率就已高达 34.43%，10 年割龄胶园橡胶树死皮率及停割率为 55.96%。由上可知，二队胶园橡胶树开割前 5 年死皮率平均每年增幅 6.89%，开割10 年后其死皮率平均每年增幅也高达 5.60%，这一数值非常高，且不正常。

如图 2-5 和图 2-6 所示，涂药前（即前 3 年），三队橡胶树死皮率低于四队。割龄为 3 年时，三队、四队橡胶树的死皮率分别为 3.61%、

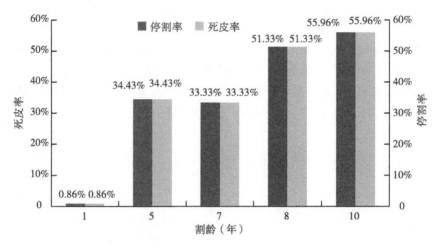

图 2-4　二队不同割龄植株停割率及死皮率

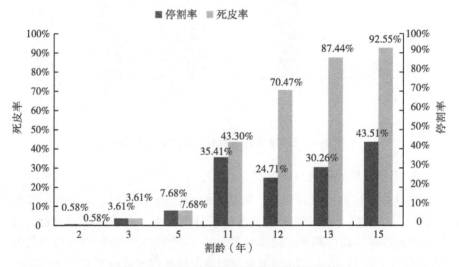

图 2-5　三队不同割龄植株停割率及死皮率

6.74%；割龄为 5~6 年时，三队、四队橡胶树的死皮率分别为 7.68%（5年割龄）、14.46%（6 年割龄），远小于二队胶园植株对应割龄的数值（34.43%）。三队胶园植株 11~15 年割龄死皮率增幅达 49.25%，平均每年增幅为 12.31%。一般情况下，橡胶树一个割面能割 8 年左右，两个割面大概可割 16 年左右，即使再生皮不够厚，也要 16 年割龄后才开始割阴刀；但是，三队胶园橡胶树在 12～15 年割龄时死皮情况已很严重。为了保证干胶产量，农场与连队已允许胶工开阴刀割胶。四队也存在与三队类似的情况，但相对要好一点。

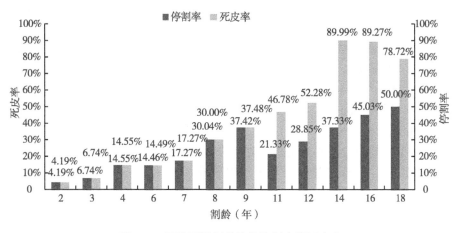

图 2-6　四队不同割龄植株停割率及死皮率

3. 胶园死皮成因分析

橡胶树死皮伴随割胶生产必然存在。20 世纪 90 年代，品种更替、机械化耕种、环境变化、养护失控和管理变革等因素使得橡胶树死皮的发生与流行更加趋于复杂，死皮发生状况更加严重。无论国营农场还是民营胶园，忽视或放松对生产管理细节（施肥、抚管与割胶技术等），都会造成死皮发生率明显增加，乙烯利过度刺激与强度割胶生产是引起死皮发生的主要原因。

热科院试验场生产数据表明，各连队胶园橡胶树第三割年平均株产干胶能达到 3.0 kg 以上，产量相对正常，种苗质量不是造成这些胶园死皮高发原因；此外，2012—2021 年气象资料表明，热科院试验场所在区域于 2016 年冬季发生过一次寒害，这次寒害对新品种热研 8-79 影响很大，但对试验场主栽品种热研 7-33-97 及其他品种（如 PR107、热研 72059 等）影响并不大，大致可以判定这几个连队胶园橡胶树死皮发生严重很可能是由强割强刺激引起。

首先，从割胶技术进行分析。据了解，热科院试验场胶工割胶技术相对较好，均达到二级胶工以上；实地查看也证明，绝大部分开割植株前后水线整齐、割面相对平整，进一步证明了胶工的割胶技术水平。其次，农场目前对割胶深度控制较严，一旦发现胶工超深割胶会严厉扣分，直接影响胶工收入，所以胶工割胶时不愿通过超深割胶获得暂时的高产，与调查结果吻合；最后，农场采用割制为 4 天一刀，当然有的时候为了保证完成产量会更改为 3 天一刀，除此之外，胶工一般会按照场部下达的刀数进行割胶。综上所述，基本可以排除强度割胶引起上述连队胶园死皮高发。进一步抽查一些死皮严重的林段发现，这些林段存在某一年干胶产量异常波动的现象，突然比前后割年干胶产量提高 1.5～3.0 倍。据此推测，过量刺激可能是造成这种现象的原因，并由此引起后期死皮高发。

还有一些不合理不规范的管理和生产措施会对橡胶树死皮发生有助推作用，如为了完成产量，由 4 天一刀改成 3 天一刀，为了保证刀次，补刀、树身未干割胶，甚至台风天后割胶（2014 年"威马逊"台风过后，胶工第二天就继续割胶）。加之热科院试验场胶园大部分是二代胶园，土壤地力退化相对严重，而近年天然橡胶价格持续低迷，农场资金紧张，胶园肥料投入始终不足。另外，在实地调查中发现，有些肥穴开挖不规范，肥穴与植株根部的水平高度相差太大，导致大量根系裸露在肥穴上部边缘，不能很好地形成吸收根，影响其对水肥的吸收。还有一点值得注意的是，可能是近年使用除草剂过多的原因，胶园行间植被明显减少。这不仅影响到胶园的"三保一护"工作，同时影响压青材料的获取（通常50 kg/肥穴）。"三保一护"方面的工作有所松懈，影响植株对水肥的正常吸收利用，导致其抗逆性能的减弱，也会加重死皮发生。

（三）建 议

强度刺激与强度割胶是近年橡胶树死皮发生加剧的主要原因，包括加刀、加线、超深割胶、延长割线、过量刺激（加大刺激剂浓度、加大用药量、加多涂药次数）和加大割线斜度等。因此，农场应进一步加强管理，严控强割强刺激，特别应严格管控过量刺激。通过对各树位或林段干胶产量进行动态分析，与历年数据进行对比，一旦发现产量异常，应进一步了解原因，及时处理和引导。农场自身也要严格遵循橡胶树的产排胶规律安排割制，而不是根据行政命令，人为设定产量，安排割制。肥料方面，在资金允许的情况下应该增加投入，重视胶园的"三保一护"工作，减少除草剂的用量，或采用机械除草代替化学药剂除草的方式进行绿色生态胶园管理。对于胶园中轻度死皮植株与 4~5 级死皮植株，可采用不同死皮防治策略，早发现早防治，充分挖掘单位面积产胶潜能，增产增效，维持产业发展。

第三章 橡胶树死皮发生机理及
防控技术现状

一、橡胶树死皮发生机理研究进展

为了探究橡胶树死皮发生发展规律及诱因，科研工作者开展了大量的研究工作，其研究涉及细胞学、生理学、分子生物学和病理学等多个学科。尽管人们对橡胶树死皮发生机制开展了大量的研究，但其发生机制尚不清楚。

研究者从不同角度提出橡胶树死皮发生的假说，目前有关死皮成因的假说多达10余种，主要包括：①局部性严重创伤反应说。割胶被认为是一种反复的机械创伤，这种局部创伤会使组织产生和分泌黄色树胶，类似于植物创伤后分泌的"伤胶"，这种"伤胶"在乳管壁中沉积后致使胶乳排出受阻，从而导致死皮发生（Rands，1921）。②树皮有效水分波动及胶乳极度稀释致病说。过度排胶会促使水分向乳管系统运输，导致树皮内水分产生不正常的波动，胶乳被极度稀释从而引发死皮（Sharples & Lambourne，1924；Frey-Wyssling，1932）。③贮备物质消耗殆尽与营养亏缺致病说。Schweizer（1949）认为，由于过度割胶，养分会随着乳清大量流失，使代谢贮备物耗尽，或者由于树冠生长和胶乳再生两者竞争养分，使树皮处于"饥饿状态"，从而导致死皮。④乳管衰老说。Chua（1967）发现，同正常树相比，死皮树树皮中氮含量及可溶性蛋白含量降低，因此，认为蛋白质和核酸的过度流失可能引起乳管衰老，进而导致死皮发生。⑤遗传及环境影响说。Pushpades（1975）认为植株营养不平衡可能导致死皮发生；Sivakumaran 等（1994）发现干旱地区及较贫瘠的胶园高产无性系的死皮率较高；Sobhana 等（1999）发现砧木与接穗的遗传差异可能是引起接穗割面死皮的重要原因。⑥黄色体破裂说。强割易引起离子不平衡和低渗透势，导致黄色体破裂而发生死皮（Paranjothy，1980）。⑦自由基假说。D'Auzac 等（1989）认为有毒的过氧化活性与清除活性之间失去平衡会引起黄色体破裂，从而导致死皮。除上述假说之外，还有防护机制说（Wycherley，1975；许闻献和校现周，1988）、局部衰老病害说（范思伟和杨少琼，1995）、产排胶动态平衡说（许闻献等，1995）、乳管壁透性降低致病说（Bealing & Chua，1972）、病原微生物致病说（Keuchenius，1924；Taysum，1960）等。Chen 等（2003）和 Peng 等（2011）还提出了"橡胶树死皮是由强割和强乙烯刺激引起的程序性细胞死亡"的观点。尽管各国研究者提出了关于橡胶树死皮发生的各种假说，但到目前为止仍不能系统阐明死皮发生发展过程，其发生机理仍不完全清楚，这可能与死皮发生原因多、死皮症状的表现复杂、死皮发展的多样性等有关（刘志昕和郑学勤，2002）。

二、橡胶树死皮防治技术研究进展

（一）基于病理性的橡胶树死皮防治技术研究进展

国际上关于橡胶树死皮最早的防治方法是 1912 年 Rutgers 采用的刨皮法（Rands，1921）。对于重症植株，采用该方法刨除所有患病组织而不伤及形成层，是比较困难的。随后，1917 年 Pratt 等又发明了剥皮法，1919 年 Harmsen 采用去除表层病皮并配合涂施热焦油法防治橡胶树死皮（周建南，1995）。印度尼西亚的 Siswanto 等（1990）采用隔离、刮皮，同时使用棕油（95%）+敌菌丹（5%）混合制剂，死皮恢复率达 85%。20 世纪 70—80 年代国内也开始了刨皮、剥皮和开沟隔离等方法治疗橡胶树死皮的研究（梁尚朴，1990）。黎仕聪等（1984）通过浅刨或剥离病灶加施复方微量元素治疗死皮停割树，处理 7 年后观察发现，浅刨处理过的树皮其厚度与正常树再生皮接近，但其乳管总列数及正常乳管总列数只有正常再生皮的 2/3；而剥皮处理的树皮厚度只有正常再生皮的 2/3，乳管列数及正常乳管列数只有正常再生皮的 1/3。这表明处理病灶后新生皮是有可能恢复的，但乳管的分化与成长比正常再生皮要慢，处理后恢复正常割胶需要至少 7 年的时间；而剥皮处理的植株恢复所需时间可能会更长。

广东省海南农垦局生产处（1984）对死皮树开展了开沟隔离法控制橡胶树褐皮病的试验，认为该方法是有效的，且以小于或等于 3 级死皮的轻病期处理效果更佳。

以上几种方法都是基于当时认为死皮是寄生物或病原菌引起的病害而提出来的防治方法，通过物理的方式刨除或隔离病灶，或配合补充一些微量元素。该类方法都有一定的疗效，但操作复杂，恢复周期较长。为开发更简便、高效的防治方法，国内有些科技人员开发了一些药剂，有针对性地消除病原菌，取得了一定成效。针对真菌病、条溃疡病、线条虫病、病毒病引起的死皮，梁根弟等（1994）发明了一种植物橡胶树死皮复活剂，该药剂由多种中草药经晒干、研磨、部分煮汁、混合搅拌、热炒后过筛定量包装而得。20 世纪 90 年代初，中国热带农业科学院植物保护研究所陈慕容等（1998）公开了一种橡胶树褐皮病防治药剂（专利申请号为97121908.7），它以甲基纤维素为载体，内含四环素族药物、黄元胶等物质。将该药剂涂施于患病植株割面上，能有效地防治死皮，并能使其干胶产量增加 14.27%。在该药剂配方的基础上，该团队开发了"保 01""保02"系列橡胶树死皮防治产品。6 年（1985—1990 年）的田间试验和示范试验结果表明，"保 01"对橡胶树病理性死皮有较好的疗效（郑冠标等，1988；陈慕容等，1992）。李智全等（2000）等对中幼龄死皮橡胶树的防治试验显示，"保 01"对 3 级以下死皮植株有明显疗效，而对重度死皮（4~5 级）死皮植株疗效不够理想；温广军和何开礼（1999）的试验结果与此类似。宋泽兴和张长寿（2004）用"保 01"及其 A、B 两种改进药剂对外褐型死皮进行防治，3 年的试验结果表明三种药剂对外褐型死皮都有不同程度的防治效果，主要表现在割线死皮长度减小和排胶量增加，其中 B 剂防效最高（70.4%），"保 01"其次，其防效为 49.9%，干胶净增产率 9.1%。"保 01"的防病增产机理在于药剂被患病胶树组织吸收后，破坏菌体，从而控制死皮树的病情。在一些轻度而未坏死的组织中，"保 01"抑制了病菌的活动从而使胶树恢复了正常的生理机能和产胶功能，最终起到防病增产的作用（陈慕容等，1992）。胡彦和黄天明（2015）发明了一种由马樱丹、白苞蒿和斑鸠菊为原料制取的防治橡胶树死皮药剂。

（二）基于生理性的橡胶树死皮防治技术研究进展

针对生理性死皮，通过少药、减刀、浅割、轮换割面、阳转阴刀和停割等方式，能起到一定的缓解作用。但是这种方式相对来说比较被动，恢复周期较长，而且恢复过后再割，很容易再次死皮。针对这种情况，科研人员和生产者通过化学手段对其进行防治，取得了一定成效。

20世纪70年代，广东省国营火星农场在开割橡胶树上施用赤霉素的试验中发现，赤霉素不但能够增加干胶产量（增产量5%~10%），而且对死皮有一定的防效。为进一步确认赤霉素对橡胶树死皮的防治效果，该农场连续5年（1980—1984年）进行了相关的试验，得出相同的结论（梁尚朴，1990）。很多胶工在生产实践中也意识到，新鲜牛粪和一些植物的汁液对橡胶树死皮防治有一定的效果。梁尚朴（1990）认为，橡胶树死皮是由于患病植株内源乙烯过量，导致体内各种激素失调，加速乳管衰老、死亡，产胶机能锐减甚至直接丧失的生理病害。施用赤霉素和生长素等一些植物激素，可以通过抑制乙烯的生理作用，延缓器官和组织的衰老，从而对死皮起到一定的防治作用。20世纪80年代华南热带作物研究院与河南化工研究所合作研制了一种螯合稀土钼（CRM），该复合制剂由硝酸稀土、钼酸铵和金属螯合剂（氨基羧酸盐和有机磷酸盐）组成，将其涂施于割面，可被割胶后露出的薄壁细胞直接吸收。该制剂对橡胶树死皮的控制及治疗效果较好（王国烘和陈玉才，1987；陈玉才等，1988；陈玉才等，1990）。杨少琼等（1993）进一步研究发现，稀土可强烈抑制黄色体酸性磷酸酶活性和胶乳细胞质中性磷酸酶活性，强烈抑制黄色体产生超氧阴离子的速率，抑制内源乙烯产生，缩短流胶时间、促进再生皮的生长和乳管细胞的分化。刘昌芬等（2008）用几种植物源药物对橡胶树死皮进行防治的试验显示，各提取液都有不同程度的治疗效果（表现在死皮长度缩短），其中防治效率最高的达92.6%。通过试验，蒋桂芝等（2013）认为割面补充微量元素营养和适宜的生物激素对控制死皮发生是有作用的。林运萍（2009）和袁坤等（2013）研究发现，宝卡有机液肥有一定防效，但其防效只是针对轻度死皮而言的。宝卡是马来西亚宝卡生物科技集团针对橡胶树死皮而开发的一种有机无机混合肥料，该肥料主要由腐植酸及植物所需大量、微量元素组成。

在死皮防治药物配方方面，陈守才等（2010）发明了一种防治橡胶树死皮病的复合制剂及其制备方法。该复合制剂以甲基纤维素为载体，内含一种或多种抗氧化物。所述的抗氧化物质为抗坏血酸、还原型谷胱甘肽、β-胡萝卜素或维生素 E 中的一种或几种，此复合制剂能够预防和消除死皮，效果显著。冯永堂（2010）发明了一种用于治疗橡胶树死皮的组合。该组合包含 5% ~ 10%（质量比）的柠檬酸、90% ~ 95%（质量比）的过氧化氢及少量的十二烷基磺酸钙。任建国（2013）发明了一种防治橡胶树死皮病的制剂及其制备方法，该制剂由植物所需的维生素、氨基酸、微量元素等组成，将其喷施于树干，对橡胶树死皮治愈有一定的效果。王真辉等（2014c）发明了一种橡胶树死皮康复营养液，该死皮康复营养液中包含多种营养组分、杀菌抑菌组分、解毒组分、助剂等，将其喷于橡胶树树干及树头，能提高橡胶树免疫力、延缓橡胶树衰老，同时缓解因营养亏缺导致的橡胶树死皮。每周喷施 1 次，连续喷施 3 个月，橡胶树死皮恢复率可达 52.18%。王真辉等（2014a）同时还发明了一种橡胶树死皮防治涂施药剂及其制备方法，该药剂以壳聚糖为载体，有效成分由抗氧化物、植物活性物质和钼酸铵等物质组成。此外，国内有些研究者为延缓死皮发生，增加干胶产量，开发了一系列的橡胶增产素或营养剂。何向东等（2005）发明了由氧苯硫酞胺、三乙胺和羧甲基纤维素组成的橡胶树产胶促进剂。任建国（2013）发明了由营养液及杀菌药剂组成的一种用于橡胶防护除菌、营养增胶的制剂，都对延缓死皮具有一定效果。

综上所述，现有的生理性死皮防治化学药剂主要是通过营养补充、内源激素调控、活性氧清除和增强抗氧化性等方式对死皮植株进行治疗，各种方法效果不一。

下　篇

橡胶树死皮康复综合技术研究

第四章　橡胶树轻度死皮微量元素水溶
肥料树干喷施康复技术

一、微量元素水溶肥料树干喷施康复技术简介

　　本团队通过系统、全面的全国范围内死皮调查及长期的死皮机理研究，探明了生理性死皮是我国橡胶树死皮的主要类型。揭示橡胶树死皮发生的生理机制，比较分析了不同死皮程度植株胶乳生理参数的变化规律，发现轻度死皮植株胶乳硫醇含量显著降低，引发氧化胁迫，从而导致黄色体破裂指数显著升高，黄色体破裂造成乳管堵塞，影响胶乳外排。此外，轻度死皮植株胶乳无机磷含量显著降低。结合其他已报道的橡胶树死皮研究结果和假说，明确养分亏缺和抗氧化能力降低是造成轻度死皮的主要原因，奠定了研发死皮康复微量元素水溶肥料的理论基础。

　　基于轻度死皮植株抗氧化能力降低，缺钼、微量元素不平衡的特点，创制了一种钼、锌含量相对较高的"死皮康"微量元素水溶肥料，辅以抗氧化活性物质（图4-1）。该肥料能提高死皮植株抗氧化能力，调整树体微量元素平衡，死皮恢复效果显著。该肥料的农业农村部肥料登记号为农肥（2018）准字11392号（图4-2）。该微量元素水溶肥主要成分包括钼、硼、锌等橡胶树所需微量元素，以及植物活性物质，可以合理补充植株所需养分，同时调节橡胶树内源激素的产生，使轻度死皮植株全部或部分恢复产排胶，减缓死皮的进一步发生，增加橡胶产量。

　　施用方法：将微量元素水溶肥料用水稀释800倍，均匀喷施于死皮树树干（距地面1.8 m以下）及根部，每株树喷施1 L，树干及根部各50％。每周喷施1次，连续喷施5个月，具体时间可根据植株恢复情况适当缩短或延长。尽量晴天喷施，喷施后如遇大雨应进行补喷。

图 4-1　"死皮康"微量元素水溶肥料（轻度死皮防治）及其使用方式

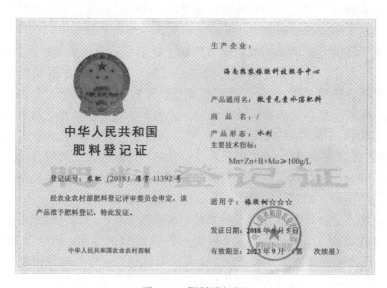

图 4-2　肥料登记证

二、微量元素水溶肥料在橡胶树品种热研7-33-97上的应用研究

参照农业部①《肥料登记管理办法》《肥料登记指南》和《肥料效应鉴定田间试验技术规程》（NY/T 497—2002）的要求，于2015年在中国热带农业科学院试验场六队6号林段胶园进行了橡胶树死皮植株肥效试验，试验结果如下。

（一）材料与方法

1. 试验地土壤

试验地点设在中国热带农业科学院试验场六队，土壤质地为砖红壤，主要理化性质：有机质含量12.3 g/kg、全氮含量0.54 mg/kg、速效磷含量14.14 mg/kg、速效钾含量7.23 mg/kg、土壤pH值4.5。

2. 试验品种及其基本情况

试验品种：热研7-33-97。

定植年限：1992年定植，2000年开割。

死皮等级：2~4级死皮。

种植模式：采用宽行密植模式，株行距为3 m×7 m。

3. 试验时间

2015年1—12月。

4. 试验方法

本试验设3个处理，4次重复；每个小区10株大小基本一致、死皮等级为2~4级的死皮停割植株；每小区面积约180 m²，各小区随机排列。处理1：常规施肥+微量元素水溶肥料产品（800倍）。处理2：常规施肥。处理3：树干喷同等计量的清水对照。

常规施肥：3月一次性施入橡胶专用复合肥（16+12+10）18 kg/亩，

---

① 中华人民共和国农业部，简称农业部。2018年3月，国务院机构改革将农业部的职责整合，组建中华人民共和国农业农村部，简称农业农村部。

肥料施入肥穴。

微量元素水溶肥料施用方法：施用周期共 5 个月（4—8 月），施药频率为 7 天/次。将微量元素水溶肥料均匀喷施于死皮树树干（距地面 1.6 m 以下部分）及根部，每株树喷施 1 L，树干与根部各 50%。注意喷施前先清理距地面 1.6 m 树干的爆裂粗皮。

割胶制度：处理期停割，9 月后开始实施 4 天一刀。

（二）结果与分析

1. 不同处理对橡胶树死皮植株割线症状及树皮的影响

从表 4-1 可得出，处理 1、处理 2 的割线死皮长度分别减少了 157 cm、32 cm，处理 3 反而增加了 27 cm。同时，处理 1 的植株树皮颜色变得更深，树皮变软易割；处理 2 的树皮颜色稍微转绿。说明处理 1 和处理 2 橡胶树死皮的症状有不同程度的恢复，而处理 3 的死皮症状呈一定恶化趋势。处理 2 橡胶树死皮症状有一定的恢复，但效果不明显，而处理 1 橡胶树死皮症状恢复较明显。施用海南热农橡胶科技服务中心生产的微量元素水溶肥料产品后，死皮停割植株的割线排胶长度明显增加。

表 4-1 不同处理对橡胶树死皮植株割线症状及树皮的影响

处理	割线死皮长度（cm）			施肥后树皮硬度	施肥后树皮颜色
	施肥前	施肥后	施肥后较施肥前减少		
1	447	290	157	软	深绿
2	452	420	32	硬	绿色
3	443	470	-27	硬	浅绿

2. 不同处理对橡胶树死皮植株干胶产量的影响

从表 4-2 可看出，处理 3 的平均每割次干胶产量只有 81.36 g/亩，而处理 1 和处理 2 则分别达到 545.04 g/亩和 198.47 g/亩，其产量分别增加了 463.68 g 及 117.11 g，增产率分别达到 569.91% 和 143.94%。对各处理产量结果进行方差分析（表 4-3），处理间产量差异达到极显著水平。采用 LSD 法进行多重比较（表 4-4），处理 1 相对处理 3 达极显著性水平，处理2相对处理3差异不显著。试验结果表明施用海南热农橡胶科技服务中心生产的微量元素水溶肥料产品能够显著提高橡胶树死皮植株的胶乳产量。

表4-2　不同处理对橡胶树死皮植株干胶产量的影响

处理	平均每割次各小区干胶产量（g）					折合每割次单产（g/亩）	每割次增产（g/亩）	增产率
	Ⅰ	Ⅱ	Ⅲ	Ⅵ	平均			
1	128.00	211.20	112.00	154.40	151.40	545.04	463.68	569.91%
2	59.20	64.80	51.20	45.32	55.13	198.47	117.11	143.94%
3	20.00	36.00	8.80	25.60	22.60	81.36		

表4-3　方差分析

变源	平方和	自由度	均方	F 值	p 值
区组间	45 907.408 3	3	15 302.469 4	2.576 0	0.149 5
处理间	465 100.785 1	2	232 550.392 6	39.147 0	0.000 4
误差	35 643.068 1	6	5 940.511 4		
总变异	546 651.261 6	11			

表4-4　不同处理橡胶树死皮植株干胶产量多重比较

处理	每割次平均单产（g/亩）	5%显著水平	1%水平
1	545.04±78.36	a	A
2	198.47±15.48	b	B
3	81.36±20.41	b	B

（三）小　结

该微量元素水溶肥料产品对改善热研7-33-97死皮橡胶树割线症状及提高干胶产量都有很大的促进作用，其增产率达到569.91%。该肥料能够提高单位产值，增加胶农的经济收益，值得推广应用。

三、微量元素水溶肥料在橡胶树品种热研 RRIM600 上的应用研究

2016 年在海南省东方市海南天然橡胶产业集团股份有限公司广坝分公司 15 队 3 号林段胶园进行了橡胶树死皮植株肥效试验，试验结果如下。

（一）材料与方法

1. 试验地基本情况

试验地设在海南省东方市海南天然橡胶产业集团股份有限公司广坝分公司 15 队 3 号林段胶园，土壤质地为砖红壤，主要理化性质：有机质含量 11.60 g/kg、全氮含量 0.49 mg/kg、速效磷含量 4.45 mg/kg、速效钾含量 30.35 mg/kg、土壤 pH 值 4.8。

2. 试验品种及其基本情况

试验品种：RRIM600。

定植年限：1974 年定植，1983 年开割。

死皮等级：2~4 级死皮。

种植模式：采用宽行密植模式，株行距为 3 m×7 m。

3. 试验时间

2016 年 1—12 月。

4. 试验方法

本试验设 3 个处理，4 次重复；每个小区有 10 株大小基本一致、死皮等级为 2~4 级的死皮停割植株；每小区面积约 180 m²，各小区随机排列。处理 1：常规施肥+微量元素水溶肥料产品（800 倍）。处理 2：常规施肥。处理 3：清水对照。

常规施肥：3 月一次施入橡胶专用复合肥（16-12-10） 18 kg/亩，肥料施入肥穴。

微量元素水溶肥料施用方法：施用周期共 5 个月（5—9 月），施药频率为 7 天/次。将微量元素水溶肥料均匀喷施于死皮树树干（距地面

1.6 m以下部分）及根部，每株树喷施1 L，树干与根部各50%。注意喷施前先清理距地面1.6 m树干的爆裂粗皮。

割胶制度：处理期停割，10月后开始实施4天一刀。

（二）结果与分析

1. 不同处理对橡胶树死皮植株割线症状及树皮的影响

从表4-5可看出，各处理割线症状都有不同程度的恢复。处理1、处理2和处理3的割线死皮长度分别减少了368 cm、178 cm和140 cm。说明各处理植株都存在不同程度的自然恢复，但处理1的恢复更明显。处理1的植株树皮颜色变得更深，树皮变软易割；处理2的树皮颜色稍微转绿，说明处理2橡胶树死皮症状有一定的恢复，但效果不明显。施用海南热农橡胶科技服务中心生产的微量元素水溶肥料产品后，死皮停割植株的割线排胶长度明显增加。

表4-5　不同处理对橡胶树死皮植株割线症状及树皮的影响

处理	割线死皮长度（cm）			施肥后树皮硬度	施肥后树皮颜色
	施肥前	施肥后	施肥后较施肥前减少		
1	528	160	368	软	深绿
2	538	360	178	硬	绿色
3	530	390	140	硬	浅绿

2. 不同处理对死皮橡胶树胶乳产量的影响

从表4-6可看出，处理3每割次干胶产量只有252.72 g/亩，而处理1和处理2则分别达797.76 g/亩和434.16 g/亩，其产量分别增加了545.04 g及181.44 g，增产率分别达215.67%和71.79%。对各处理产量结果进行方差分析（表4-7），处理间产量差异达极显著水平。采用LSD法进行多重比较（表4-8），处理1相对处理2和处理3达显著性水平，处理2相对处理3达显著水平。试验结果表明施用海南热农橡胶科技服务中心生产的微量元素水溶性肥料能够显著提高橡胶树死皮植株的胶乳产量。

表4-6 不同处理对橡胶树死皮植株干胶产量的影响

| 处理 | 平均每割次各小区干胶产量（g） | | | | | 折合每割次单产（g/亩） | 每割次增产（g/亩） | 增产率（%） |
	I	II	III	VI	平均			
1	227.20	181.60	271.20	206.40	221.60	797.76	545.04	215.67
2	128.80	113.60	142.40	97.60	120.60	434.16	181.44	71.79
3	57.20	44.80	77.20	101.60	70.20	252.72		

表4-7 方差分析

变源	平方和	自由度	均 方	F 值	p 值
区组间	49 400.071 0	3	16 466.690 3	2.190 0	0.190 1
处理间	616 258.692 5	2	308 129.346 2	40.987 0	0.000 3
误 差	45 106.332 1	6	7 517.722 0		
总变异	710 765.095 6	11			

表4-8 不同处理橡胶树死皮植株干胶产量多重比较

处理	每割次平均单产（g/亩）	5%显著水平	1%显著水平
1	797.76±68.33	a	A
2	434.16±34.79	b	B
3	252.72±44.69	c	B

（三）小　结

该微量元素水溶肥料产品对改善RRIM600死皮橡胶树割线症状及提高干胶产量都有很大的促进作用，其增产率达到215.67%。该肥料能够提高单位产值，增加胶农的经济收益，值得推广应用。

第五章　橡胶树树干喷施结合割面涂施死皮康复组合制剂技术

一、死皮康复组合制剂康复技术简介

（一）技术概况

针对重度死皮（3 级以上）研发了一种橡胶树死皮康复营养剂组合制剂，并制定了相应产品的企业标准（Q/HNRN1—2015）。该组合制剂包括胶体制剂（一种橡胶树死皮防治涂施药剂及其制备方法，专利号为 ZL201410265022.0）（"死皮康" I），用于割面涂施；液体制剂（一种橡胶树死皮康复营养液，专利号为 ZL201310554320.7）（"死皮康" II），用于树干喷施（图 5-1）。在重度死皮植株康复过程中，两种剂型的营养剂同时使用效果显著。该技术对橡胶树重度死皮恢复率达到 40% 以上，延长割胶时间 2 年以上。

（二）施用方法

"死皮康" I：轻刮割线上下 20 cm 范围内粗皮，去除粗皮与杂物，用毛刷将"死皮康" I 均匀涂抹在割线上下 20 cm 树皮上（涂满整个清理面，以液体不下滴为准）。一瓶（0.5 L）每次能涂 25 棵树左右。该剂型不需要稀释，直接使用；每个月涂 3 次，连续涂 3 个月。

"死皮康" II：取 1 瓶营养剂（1 L），加水到 40 L，搅拌均匀。将兑水后的营养剂均匀喷到距地面 1.8 m 以下的树干。每棵树喷 1 L 兑水后的营养剂。注意在喷营养剂前，先清理距地面 1.8 m 树干爆裂粗皮。每个月喷 3 次，连续喷 3 个月。

"死皮康" Ⅰ（胶体制剂）　　　割面涂施

"死皮康" Ⅱ（液体制剂）　　　树干喷施

图 5-1　"死皮康"组合制剂及其施用方式

二、"死皮康"液体制剂研发

（一）橡胶树死皮康复营养剂有效成分的筛选

采用双向凝胶电泳、iTRAQ 及质谱技术等蛋白质组学方法，对重度死皮橡胶树胶乳中死皮相关的蛋白进行了全面鉴定分析（袁坤等，2012；2014a；2014b；2014c），明确了活性氧代谢（相关蛋白如谷胱甘肽过氧化酶、谷胱甘肽还原酶、谷氧还蛋白等）、细胞程序性死亡（相关蛋白如翻译控制肿瘤蛋白、半胱氨酸蛋白酶、钙调素蛋白等）和橡胶生物合成（相关蛋白如小橡胶粒子蛋白、橡胶延长因子、法尼基焦磷酸合成酶等）途径是橡胶树重度死皮发生的关键调控途径。死皮植株养分亏缺和抗氧化能力降低可能诱发了细胞程序性死亡，使树体橡胶生物合成能力显著下降，从而导致死皮进一步加剧，奠定了橡胶树死皮康复组合制剂及配套施用技术的理论基础。基于以上研究基础，在原有轻度死皮康复产品的基础上，针对重度死皮进一步筛选橡胶树死皮康复营养剂有效成分，并对各有效成分进行复配，确定相应制剂配方、剂型及其配套施用技术，研发了一种橡胶树死皮康复营养剂组合制剂。

以热研 7-33-97 重度死皮为受体研究材料，选取多种材料分别对其进行处理，采用短周期（3 个月）、单一指标与少单株（每个处理 5 株）的方法评估这些材料对橡胶树死皮主要指标的影响，以便为橡胶树死皮康复营养剂配方设计提供有效成分。

作为材料筛选的单一指标，橡胶树死皮长度恢复率能较为准确、快速反映割线死皮长度恢复情况。经过 2 批次材料快速筛选试验，研究了选取的 14 种不同化合物材料分别对参试植株割线死皮恢复率变化的影响（表 5-1），结果显示，相比于对照与其他材料处理，材料 3、材料 6、材料 8 和材料 10 在施用 3 个月时间内对参试植株死皮长度恢复有较明显的促进作用，可以将其作为主要成分用于橡胶树死皮康复营养剂配方设计。

表 5-1　死皮长度恢复率

第一批材料	死皮长度恢复率	第二批材料	死皮长度恢复率
1	14.20%	8	24.89%
2	-2.59%	9	3.19%
3	33.98%	10	31.89%
4	5.96%	11	-0.86%
5	7.76%	12	3.54%
6	27.17%	13	-3.36%
7	0.44%	14	9.13%
喷清水对照	13.53%	喷清水对照	12.08%

（二）橡胶树死皮康复营养剂的复配

在有效成分筛选的基础上，设计 4 种橡胶树死皮康复营养剂配方，采用田间试验，评估 4 种配方施用对停割植株恢复率、相对防效、干胶产量与干含（胶乳中干胶重量占胶乳总重量的百分率）等指标的影响，进而筛选出对橡胶树重度死皮植株相对防效较好、恢复较快、产量指标也趋于正常的配方。结果显示，配方 1 和配方 4 的相对防效分别为 21.42% 和 6.10%，高于其余 2 种配方的防效；同时，施用 4 种配方后，橡胶树重度死皮植株，即停割植株恢复正常比例均高于对照，而施用配方 1 和配方 4 后的结果明显高于其他两种配方，分别达到 52.18% 和 66.67%。除配方 2 外，施用其余 3 种配方后，橡胶树干胶产量均高于对照植株，施用配方 4 后产量提高显著（图 5-2）。综合上述指标，筛选出配方 1 和配方 4 作为橡胶树死皮康复营养剂的基础配方，进一步进行配方改进、产品剂型与配套施用技术研发。

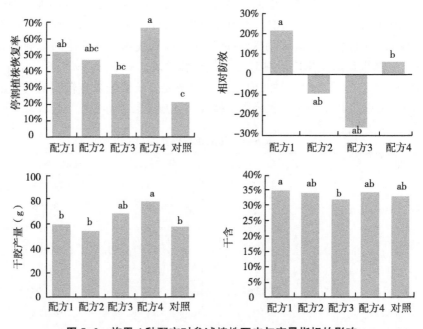

图 5-2　施用 4 种配方对参试植株死皮与产量指标的影响

根据活性氧胁迫诱导死皮机理，筛选出多糖等抗氧化物质提高植株免疫力，延缓橡胶树割面进一步衰老；针对死皮植株营养亏缺，优化了营养剂各营养组分的配比，同时筛选出两株解磷细菌：液化沙雷氏 wpm-01（拉丁名为 *Serratia liquefaciens* wpm-01）和产气肠杆菌 wpm-02（拉丁名为

Enterobacter aerogenes wpm-02），其保藏证号分别为 CCTCC NO. M20122015 和 M220122016，用于改善死皮植株根系对磷的吸收和利用。筛选出 DCPTA（俗称增产胺），增加蛋白质、脂类等物资的积累存储，促进细胞分裂和生长，有效增加恢复植株干胶产量。

三、"死皮康"液体制剂施用技术探索

（一）材料与方法

1. 试验地点与材料

试验区位于海南省儋州市中国热带农业科学院试验场 6 队 16 号林段，平均海拔 134 m。该区属热带海岛季风气候类型，历年平均气温 23.2 ~ 23.9℃，日平均气温 ≥15℃的活动积温 7 500 ~ 8 500℃，最冷月平均气温 16.9 ~ 18.0℃，年降水量 1 500 ~ 2 000 mm（数据来自中国热带农业科学院气象站）。土壤类型为砖红壤，酸性土壤（pH 值 = 4.59 ~ 5.93）。试验区为第二代胶园，品系为热研 7-33-97，16 号林段于 1992 年定植，14 年割龄。

2. 试验布置

田间布置：本试验包括树干注射（吊瓶）、树干喷施、灌根、对照共 4 个处理，每个处理 20 株死皮植株，各植株随机分布。

3. 施用方法

树干注射（吊瓶）：在后水线离地面约 20 cm 处水线上钻孔，具体步骤是先用皮带冲（直径 1 cm）去除树干表层树皮，待胶乳流干，用手持电钻在树干包埋位置钻孔（孔径 5.5 mm，深约 7 cm、向下倾斜约 15°）。将液体制剂装入吊瓶（或输液袋），悬挂于树干离地 1.0 ~ 1.5 m 处，将输液针头插入孔洞，固定，用自制油泥密封洞口（图 5-3 和图 5-4）。注意控制流速（30 s 滴 1 滴，1 mL 约为 20 滴，最好观察一段时间以确定液体制剂不外溢）。

树干喷施：将兑水后的液体制剂均匀喷到距地面 1.8 m 以下的树干。每棵树喷 1 L 兑水后的营养剂。注意在喷营养剂前，先清理距地面 1.8 m 以下树干的爆裂粗皮。每个月喷 3 次，连续喷 3 个月。

灌根：将兑水后的液体制剂浇灌于死皮植株树头。浇灌量和频次与树干喷施一致。

对照：不作任何处理。

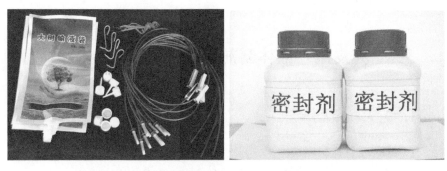

图5-3 树干注射装置（左）与伤口愈合密封剂（右）

图5-4 树干注射液体制剂

（二）结果与分析

1. 不同施药方式对死皮症状的影响

对比试验前、试验中、试验后观测割面症状数据得知，试验开展后，所有参试的 80 棵树试验中和试验后的死皮指数均有所下降，其中喷施处理试验中和试验后分别下降了 17.71% 和 25.00%，吊瓶处理分别下降 11.58% 和 21.05%，灌根处理分别下降 13.54% 和 20.83%，对照分别下降 14.44% 和 15.56%（图 5-5）。试验中死皮指数下降最多的是喷施处理，其后依次是对照、灌根和吊瓶处理；试验后下降最多的是喷施处理，其后依次是吊瓶、灌根和对照处理。部分试验植株不同施药方式处理前后割线症状对比如图 5-6 所示。

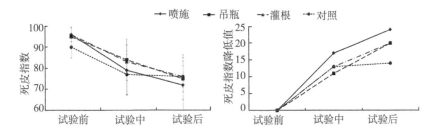

图 5-5　试验过程中死皮指数变化情况

2. 不同施药方式对死皮植株胶乳产量的影响

通过比较试验前、试验中、试验后胶乳产量数据得知，试验开展后，所有参试的 80 棵树的胶乳产量均有所增加，其中喷施处理试验中和试验后胶乳产量分别增加了 41.05% 和 32.04%，吊瓶处理试验中和试验后分别增加 186.33% 和 181.49%，灌根处理试验中和试验后分别增加 28.23% 和 38.94%，对照试验中和试验后分别增加 12.29% 和 0.09%。试验中产量增加最多的是吊瓶处理，其次是喷施、灌根和对照处理；试验后增加最多的是吊瓶处理，其次是灌根、喷施和对照处理（图 5-7）。

3. 不同施药方式对死皮植株胶乳生理参数的影响

通过测定胶乳中硫醇含量得知，喷施、吊瓶和灌根试验中和试验后的硫醇含量均高于试验前，尤其是吊瓶处理增加最为明显，对照在试验中和

图5-6 部分试验植株不同施药方式处理前后割线症状对比

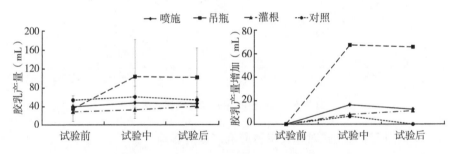

图5-7 不同施药方式胶乳产量变化情况

试验前基本持平，试验后突然增加。试验中硫醇含量在喷药后显著提高，暗示了橡胶树在死皮恢复过程中乳管系统的解毒功能和代谢活性增强，从而有助于胶乳的顺畅排出。试验中各处理胶乳中无机磷含量均高于试验前，最高为对照，其次为喷施、灌根和吊瓶；试验后无机磷含量除吊瓶以外均与试验前持平。喷药后无机磷含量增加，说明死皮恢复过程中乳管系统的能量代谢活性增强，胶乳的稳定性提高。试验中和试验后各处理胶乳中无机磷含量均高于试验前，试验中最高为对照，其次为灌根、吊瓶和喷施；试验后最高为吊瓶，其次为对照、喷施和灌根。胶乳蛋白质含量显著提高说明死皮恢复过程中乳管系统的合成代谢增强。试验中对照和灌根处理胶乳中蔗糖含量均高于试验前，吊瓶、喷施处理低于试验前；试验后各处理胶乳中无机磷含量均高于试验前，对照和灌根处理较试验中有所下降，而吊瓶和喷施处理有所增加（图5-8）。蔗糖是光合作用的主要产物，是合成聚异戊二烯分子的前体，与橡胶产量密切相关。

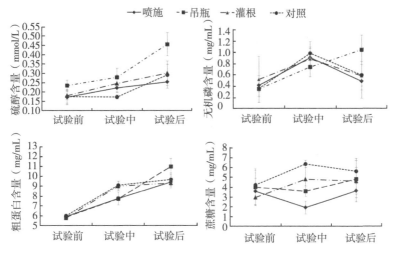

图5-8　不同施药方式主要生理参数指标

（三）小　结

不同液体制剂施药方式对死皮停割树恢复产胶的影响不同。试验中死皮指数下降最多的是喷施处理，其次是对照、灌根和吊瓶处理；试验后死皮指数下降最多的是喷施处理，其次是吊瓶、灌根和对照处理。试验中产量增加最多的是吊瓶处理，其次是喷施、灌根和对照处理；试验后产量增加最多的是吊瓶处理，其次是灌根、喷施和对照处理。考虑到树干注射处理需要钻孔，对树身存在一定的伤害。另外，由于橡胶树的特殊性，植株在死皮恢复过程中，孔洞会有一定量胶乳排出，导致洞口堵塞，影响树干注射的效率。综合考虑割线恢复症状、胶乳增产及操作性，液体制剂树干喷施技术是一个相对合理的选择。

四、"死皮康"割面涂施胶体制剂研发

壳聚糖具有无毒无害、良好的生物兼容性、广谱抗性、碳与氮养分丰富、成膜缓释等（蒋小姝等，2013）诸多优点，它可能同时从病理及生理两方面对橡胶树死皮起到一定的防治效果。迄今为止，壳聚糖及其衍生物在橡胶树死皮防治方面应用的报道还很少见。杨子明等（2013）利用壳聚糖良好的成膜防寒作用和茶树油较强的抗菌杀菌作用，研究一种新型的壳聚糖基橡胶树割面喷雾剂，据报道该喷雾剂具有良好的抗菌防寒效果，同时该喷雾剂对橡胶树死皮的恢复也有一定效果。基于此，本研究尝试将壳聚糖结合本研究团队自主研发的药剂配方用于橡胶树死皮防治，为利用药物有效抑制橡胶树死皮并提高不同程度死皮树恢复产胶能力提供基础。

（一）材料与方法

1. 材　料

试验区位于海南省儋州市中国热带农业科学院试验场六队 6 号林段，品种为橡胶树热研 7-33-97，定植年限为 1992 年，重度死皮植株（4~5级死皮）。

试验药剂：处理 A 为壳聚糖醋酸溶液+配方一；处理 B 为壳聚糖醋酸溶液+配方二；处理 C 为壳聚糖醋酸溶液+配方三；CK（对照）为清水。其中，配方一、配方二和配方三为本课题组自主研发的死皮防治药剂配方。

2. 试验布置

田间布置：本试验包括 A、B、C 和 CK（对照）共 4 个处理，每个处理 3 次重复，共 12 个小区，每个小区有 10 株橡胶树，各小区随机分布。

3. 施用方法

施药前先清理胶线及割线上下 20 cm 割面范围的粗皮。用宽 5 cm 左右的毛刷蘸取药剂均匀涂施于清理好的割线及割面，涂药周期为 2 周，每株每次用药 20 g。试验期为 2013 年 11 月至 2014 年 10 月，停割期间

（2013 年 12 月 18 日至 2014 年 4 月 12 日）不施药。

4. 数据计算

试验处理前各参试病株先割 3 刀（次）后调查处理前基础病情及死皮症状，记录割线长度及死皮长度。试验过程中停割前、开割后分别对其割线症状进行观测，记录其排胶或死皮长度。试验结束前再最后观测一次，并逐株进行测产。

橡胶树死皮按农业部 2006 年 7 月颁布的《橡胶树割胶技术章程》规定的标准分为 5 级。

$$死皮长度恢复率（\%）=\frac{试验前死皮长度-试验后死皮长度}{试验前死皮长度}\times100$$

$$死皮指数=\frac{\sum_{i=1}^{5}i\times该级病株数}{最高死皮级值\times调查总株数}\times100$$

式中，i 表示死皮级别。橡胶树死皮共分 5 个级别，即 1 级、2 级、3 级、4 级、5 级，各级别代表值分别为 1、2、3、4、5，即 $i=1$，…，5。

$$防效（\%）=\left(1-\frac{试验前对照区病情指数\times试验后处理区病情指数}{试验后对照区病情指数\times试验前处理区病情指数}\right)\times100$$

（二）结果与分析

1. 药剂处理对橡胶树死皮长度的影响

死皮长度和死皮长度恢复率是橡胶树割面症状及其变化情况的直观反映。通过跟随胶工割胶，逐株观测，统计观测结果见表 5-2。数据显示，试验过程中 A、B、CK 三处理区平均单株死皮长度呈现先略微增加，后递减的趋势，其值分别由试验前（2013 年 11 月 15 日）的 33.51 cm、31.00 cm 和 31.04 cm 恢复到试验后（2014 年 10 月 13 日）的 24.27 cm、24.77 cm 和 26.39 cm；C 处理区的平均单株死皮长度逐渐递减，其值由处理前的 28.53 cm 降低到处理后的 12.60 cm。试验前，各处理区平均单株割线长度和死皮长度差异不显著，然而试验结束后，各药剂处理平均单株死皮长度小于对照，且 C 处理较对照差异显著。

表 5-2　死皮长度的动态变化情况

处理	株均割线长度（cm）	株均死皮长度（cm）			
		2013 年 11 月 15 日	2013 年 12 月 14 日	2014 年 4 月 24 日	2014 年 10 月 13 日
A	42.37±3.90a	33.51±3.00a	35.94±4.73a	32.39±1.23a	24.27±4.71a
B	39.53±3.37a	31.00±6.78a	31.58±2.50ab	32.97±4.03a	24.77±2.53a
C	38.00±0.10a	28.53±3.91a	27.33±3.19b	23.20±2.76b	12.60±5.77b
CK	38.10±1.79a	31.04±1.00a	32.51±3.02ab	32.44±3.47a	26.39±4.20a

注：表中数值为均值±SE（$n=3$），同列数据后不同小写字母表示在 5% 水平上 Duncan's 多重比较的差异显著。

如图 5-9 所示，A、C 处理的死皮长度恢复率逐渐递增，而 B、CK 处理死皮长度恢复率先略微减小，再增加。停割前，除 C 处理外其他几个处理的死皮长度恢复率都为负值。停割期过后，A 处理的死皮长度恢复率转变为正值，B 和 CK 处理仍为负值。试验后各处理死皮长度恢复率分别为 C（55.84%）＞A（27.57%）＞B（20.11%）＞CK（14.97），其中 C 处理的恢复率明显大于对照。

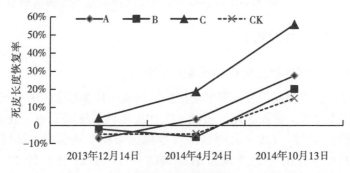

图 5-9　药剂处理不同时间后死皮长度恢复率

综合上述分析结果可知，三种药剂配方对橡胶树死皮长度的恢复都有一定的效果，但只有 C 药剂恢复效果达显著水平。

2. 药剂处理对橡胶树死皮指数及防效的影响

死皮指数是衡量死皮严重程度的一个重要指标。如图 5-10 所示，试验前各处理的死皮指数达到或接近 90，均属重度死皮。各药剂处理后死皮指数整体呈下降趋势；试验后，各处理死皮指数相对试验前显著降低。其中降低最为明显的为 C 处理，其死皮指数由 86.67 降低为 57.00，其次为 A 处理和 B 处理。对照小区的死皮指数试验前后的数值分别为 88.00 和 85.00，在整个试验过程中其死皮指数变化不大。试验前各处理间死皮指数差异不明显，试验后，A、B 处理的死皮指数小于对照的死皮指数，但差异不明显；C 处理的死皮指数明显小于其他处理，且相对 B 及 CK 处理的差异达显著水平。通过进一步的计算，得到 A、B、C 三处理的防效依次为 C（31.91%）＞A（16.19%）＞B（8.83%）。

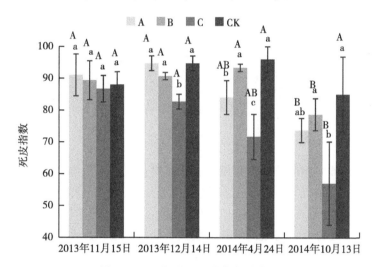

图 5-10　不同处理死皮指数的变化

注：柱形图上方不同小写字母表示同一时间不同处理 5% 水平上 Duncan's 多重比较平均值的显著性差异；不同大写字母表示同一处理不同时间 5% 水平上 Duncan's 多重比较平均值的显著性差异；柱形上方误差线表示 SE（n=3）。

3. 药剂处理对胶乳产量的影响

由图 5-11 可知，试验后 A、B、C、CK 各处理的平均单株胶乳产量分别为 39.74 mL、27.50 mL、45.20 mL 和 18.08 mL，其大小顺序依次为 C＞A＞B＞CK。经各药剂处理的小区其平均单株胶乳产量都大于对照。A、B 处理较对照差异不明显，C 处理较对照达显著性水平。这一结果与前文中对各处理的死皮长度、死皮长度恢复率、死皮指数及防效的结果相一致。

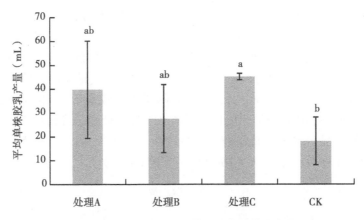

图 5-11　试验后各处理的平均单株胶乳产量

注：柱形图上方不同小写字母表示同一时间不同处理 5% 水平上 Duncan's 多重比较平均值的显著性差异；柱形上方误差线表示 SE（$n=3$）。

（三）小　结

当前，如何防治橡胶树死皮已引起高度重视。除科学割胶与科学栽培管理外，施用割面保护剂也是防治死皮的重要方式之一。林运萍等（2009）和袁坤等（2013）通过对市场现有的一些药剂进行筛选，发现 INS 保卡有机液肥有一定防效，但其防效只是针对轻度死皮而言的，且该有机肥为进口产品，价格昂贵，因此在生产实践中未被推广。李智全等（2000）对中幼龄橡胶开割树的死皮病进行综合防治试验，结果发现，割面保护剂"保 01"对 3 级以下死皮植株有明显治疗作用，而对 4~5 级死皮植株治疗效果不理想。本研究结果表明，药剂处理后 A、B、C 三处理平均单株死皮长度和死皮指数都小于对照；与对照相比，A、B 处理差异不显著，而 C 处理差异显著；A、B、C 三处理死皮指数相对试验前显著降低，而对照死皮指数前后变化不大。各处理死皮长度恢复率依次为 C（55.84%）＞A（27.57%）＞B（20.11%）＞CK（14.97）。从各处理的平均单株胶乳产量来看，其大小顺序为 C（45.20 mL）＞A（39.74 mL）＞B（27.50 mL）＞CK（18.08 mL），其变化规律与死皮长度恢复率一致。三种药剂的防效依次为 C（31.91%）＞A（16.19%）＞B（8.83%）。由此判断，该三种壳聚糖基死皮防治涂施药剂对重度橡胶树死皮（4~5 级）都具有一定的防效，其中

C 处理采用的配方三药剂效果最佳，达显著水平，其次为 A 处理采用的配方一药剂和 B 处理采用的配方二药剂。

壳聚糖能够诱导植物抗性蛋白的产生、木质素的形成、改变植物的酚类代谢、诱使植物产生愈创葡聚糖、增强植物细胞壁（马鹏鹏和何立千，2001）。其广谱抗药及缓释成膜的特性，可能在橡胶树割面抗菌及药剂缓释利用方面起到一定的作用。壳聚糖是自然界中唯一的碱性多糖，来源广泛，其前体甲壳素的自然生成量可与纤维素匹敌，具有无毒无害、生物兼容性良好、广谱抗性、含有丰富的碳和氮养分、成膜缓释等诸多优点，在橡胶树死皮防治方面具有一定的应用前景。本研究提供了一种对橡胶树重度死皮有一定疗效的药剂（C 处理的药剂），为壳聚糖在橡胶树死皮防治方面的应用开拓新思路，也为进一步开发更高效的死皮防治药剂提供依据。

五、死皮康复组合制剂在橡胶树品种 RRIM600 上的应用研究

RRIM600（亲本：Tjirl 和 PB86）为我国 20 世纪 50 年代从马来西亚引进品种，1990 年该品种晋升为我国大规模推广级品种（吴春太等，2014）。在海南西部地区年产干胶 1 170 kg/hm² （78 kg/亩），在轻风区年产干胶 2 400~2 850 kg/hm²，在重风区产量仅相当于普通实生树。该品种生长相对较快，产量较高，树皮软，易切割，但抗风性、抗寒性及抗旱能力均较差，不耐刺激，易死皮（广东省农垦总局和海南省农垦总局，1994）。袁坤等（2016）的调查显示，在海南省植胶区 RRIM600 的死皮率高达 37.19%，这明显高于全国死皮发生的水平。为有效缓解 RRIM600 死皮高发的问题，同时，也为进一步优化改进该技术，为研发更高效的死皮康复技术提供科学依据，最终解决因死皮率高而严重制约胶农增产增收的问题，特开展此研究。

（一）材料与方法

1. 供试材料
海南省东方市海南天然橡胶产业集团股份有限公司广坝分公司 15 队，

65

参试橡胶树品种为 RRIM600，死皮停割植株，1983 年定植；海南省乐东县海南天然橡胶产业集团股份有限公司山荣分公司乔队，参试橡胶树品种为 RRIM600，死皮停割植株，1980 年定植；各参试植株长势基本一致。采用本团队研发的死皮康复组合制剂进行处理。

2. 试验方法

（1）试验设计

广坝分公司试验区：2015 年 6 月对 15 队 29 号林段 1 号、2 号、3 号树位进行死皮调查，每个树位选取 162 株，其中 81 株进行处理，81 株空白对照，共 486 株，处理和对照植株在胶园随机分布。施药当年采集试验前基础数据，当年停割前采集试验后数据。第二年对参数植株进行调查，选取全线恢复排胶植株进行正常割胶（3 天一刀，按 1/2 树围开阳刀），定期测产，连续跟踪 3 年（2016—2018 年）。

山荣分公司试验区：2015 年 5 月分别对乔队 1 号林段 1 号、2 号、3 号树位进行死皮调查，每个树位选取 146 株，其中 73 株进行处理，73 株空白对照，共 438 株，处理和对照植株在胶园随机分布。施药当年采集试验前基础数据，当年停割前采集试验后数据。第二年对参数植株进行调查，选取全线恢复排胶植株进行正常割胶（3 天一刀，按 1/2 树围开阳刀），定期测产，连续跟踪 2 年（2016—2017 年）。

采集数据前，先预割 2 刀（3 天一刀，按 1/2 树围开阳刀），第三刀正式观测，观测指标包括割线症状及各参试植株胶乳产量。

（2）施药方法

处理植株，采用胶体制剂割面涂施结合液体剂型树干喷施相结合的处理方式；对照不做任何处理。

胶体制剂施用方法：轻刮割线上下 20 cm 范围内粗皮，去除粗皮与杂物，用毛刷将制剂均匀涂抹在割线上下 20 cm 树皮上（涂满整个清理面，以液体不下滴为宜）；每株每次用量 20 g 左右，施用频率为每周 1 次，施药周期为 2 个月。广坝分公司试验区，处理时间为 2015 年 6—8 月；山荣分公司试验区，处理时间为 2016 年 5—7 月。

液体制剂施用方法：将药剂稀释 40 倍后采用喷雾器均匀喷施在橡胶树 1.8 m 以下的树干及根部，每株喷稀释液 1 L；施用频率为每周 1 次，施药周期为 4 个月。广坝分公司试验区，处理时间为 2015 年 6—10 月；山荣分公司试验区，处理时间为 2016 年 5—9 月。

（3）数据的采集和处理

试验前后通过跟随胶工割胶，逐株观测，采集各试验植株割线排胶症状；第二年对参试植株进行调查，选取全线恢复排胶植株进行正常割胶（3天一刀，按1/2树围开阳刀），连续2~3年对各全线恢复排胶植株胶乳产量进行跟踪。数据处理方法同本章前文（四、"死皮康"割面涂施胶体制剂研发）。

（二）结果与分析

1. 死皮康复组合制剂处理橡胶树死皮植株防效评价

如图5-12所示，广坝分公司试验区试验前处理组和对照组死皮指数无显著差异，试验后处理组死皮指数降低到31.32，而对照组仍维持在较高的60.91，显著高于处理组。相对于试验前，处理组和对照组死皮指数都显著降低，但处理组植株降低更显著。山荣分公司试验区，试验前处理组和对照组死皮指数无显著差异，分别为89.70和92.73，试验后处理组死皮指数降低到60.91，而对照组仍然高达80.00，显著高于处理组。两地重复试验结果基本一致，使用死皮康复组合制剂后，死皮植株的死皮指数显著降低，降低值可高达55.89。通过进一步对其防效进行计算，如图

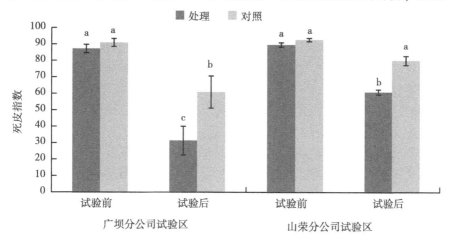

图5-12　不同处理死皮指数的变化

注：图柱上方不同小写字母表示处理间差异显著（$P < 0.05$），下同。

5-13 所示，两地试验死皮康复组合制剂对橡胶树死皮的防效分别为 46.40% 和 21.29%，平均防效为 33.85%。

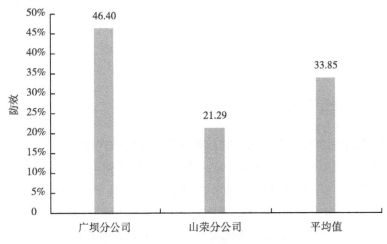

图 5-13 不同试验区防效

2. 死皮康复组合制剂处理橡胶树死皮植株恢复全线排胶植株耐割性评价

2015 年 11 月，对各参试植株进行调查，结果如表 5-3 所示。广坝分公司试验区处理组有 101 株参试死皮植株恢复全线排胶，恢复率达 41.56%；对照组仅 58 株恢复全线排胶，恢复率为 23.86%。与对照相比，处理组恢复率提高值为 17.70%。山荣分公司试验区处理组有 74 株参试死皮植株恢复全线排胶，恢复率达 33.79%；对照组仅 37 株恢复全线排胶，恢复率仅为 16.90%。与对照比，处理组恢复率提高值为 16.89%。两地试验处理植株中恢复全线排胶植株的平均恢复率为 37.68%。这一结果基本与前文中讨论的死皮指数及防效数据一致。两地重复试验结果基本一致，死皮植株的割线症状存在一定的自然恢复，但其恢复效果有限，而使用死皮康复组合制剂后，死皮植株的恢复效果显著提高。

表 5-3 不同试验点参试死皮植株恢复全线排胶统计

试验点	组别	参试植株数（株）	恢复全线排胶植株数（株）	恢复率	恢复率差值
广坝	处理组	243	101	41.56%	17.70%
	对照组	243	58	23.86%	

（续表）

试验点	组别	参试植株数（株）	恢复全线排胶植株数（株）	恢复率	恢复率差值
山荣	处理组	219	74	33.79%	16.89%
	对照组	219	37	16.90%	

广坝分公司试验区，处理后连续 3 年（2016—2018 年）对恢复全线排胶植株胶乳产量情况进行动态跟踪。如图 5-14 所示，2016 年参试植株胶乳产量先经历一个小范围的下降，再随季节变化逐渐增加。2016 年 12 月的调查数据显示，处理组植株平均单株单刀胶乳产量为 107.02 mL，对照组为 174.29 mL。全年数据显示，对照植株胶乳产量略高于处理植株。2017 年，对照组植株胶乳产量明显降低，6 月数据显示，其单株单刀胶乳产量仅为个位数（3.11 mL）。2017—2018 年，对照组单株单刀产量一直维持在 3.04~21.05 mL 低位。2017—2018 年，处理组植株胶乳产量相对较稳定，其胶乳变化趋势与 2016 年基本一致，即年初刚开割胶乳产量相对较低，随着季节变化，到年终其胶乳产量达到最高。2017 年和 2018 年，处理组单株单刀胶乳变化区间分别为 20.15~112.58 mL 和 39.70~122.75 mL。2017—2018 年，处理组植株胶乳产量显著高于对照组。

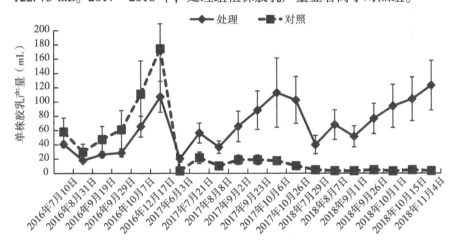

图 5-14 广坝分公司试验区不同处理恢复全线排胶植株平均单株单刀胶乳产量动态变化

山荣分公司试验区，处理后连续 2 年（2016—2017 年）对恢复全线排胶植株胶乳产量情况进行动态跟踪。如图 5-15 所示，处理组及对照组平均植株单株单刀胶乳产量变化趋势一致。2016 年，随季节变化，参试植株胶乳产量稳步上升，到 10 月达峰值，之后回落；2017 年，胶乳产量也是稳步提升，到 8 月达到最高值，处理组和对照组平均单株单刀胶乳产量分别为 198.62 mL 和 177.41 mL，之后有略微的回落。处理组单株单刀胶乳产量明显高于对照组。相对于对照组，处理组胶乳最高增产 54.41%（2016 年 7 月 16 日），平均增产也达 22.34%。

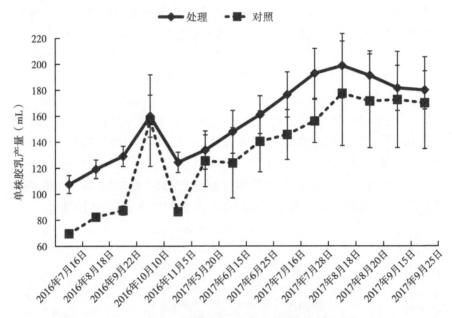

图 5-15　山荣分公司试验区不同处理恢复全线排胶植株
平均单株单刀胶乳产量动态变化

（三）小　结

针对 RRIM600 不耐刺激、死皮高发的情况，本研究采用死皮康复组合制剂对其进行防治，评价其防治效果。试验选取海南天然橡胶产业集团股份有限公司广坝分公司和山荣分公司两地开展。两地试验结果显示，使用死皮康复组合制剂后，死皮植株的死皮指数显著降低，降低值可高达

55.89。两地试验死皮康复组合制剂对橡胶树死皮的防效分别为 46.40% 和 21.29%，平均防效为 33.85%；恢复全线排胶植株的比例分别为 41.56% 和 33.79%，平均恢复率为 37.68%。广坝分公司试验区恢复全线排胶植株胶乳产量长达 3 年（2016—2018 年）的动态数据显示，处理后全线恢复植株胶乳产量随季节变化有所波动，但产量相对稳定，经 3 年持续割胶后，仍然保持较高的胶乳产量，未发现再次发生死皮现象；而自然恢复植株经 1 年持续割胶后，胶乳产量显著降低，死皮严重。山荣分公司试验区恢复全线排胶植株胶乳产量 2 年（2016—2017 年）的动态数据显示，处理植株胶乳产量明显高于自然恢复植株，相对于自然恢复，处理植株胶乳最高增产 54.41%，平均增产也达 22.34%。这表明经死皮康组合制剂处理能显著改善 RRIM600 死皮植株割线排胶症状，死皮防效达 33.85%；同时，显著提高胶乳产量，且恢复后的植株耐割性较好，最少能持续 3 年相对稳产和高产。而未处理植株虽然存在一定的自然恢复，但其恢复程度有限，且恢复植株胶乳产量相对较低，耐割性较差，恢复割胶后容易再次发生死皮。综上所述，该死皮康复组合制剂及其配套施用技术能显著改善 RRIM600 死皮植株割线症状，增加胶乳产量，提高其耐割性，死皮防控效果显著。

六、死皮康复组合制剂在橡胶树品种 93-114 上的应用研究

93-114（亲本：天任 31-45×合口 3-11）在 20 世纪 70 年代初未经系统鉴定便破格在生产中大规模推广，广东湛江垦区 1~5 割年年产干胶 690 kg/hm²（46 kg/亩），第六割年年产干胶 959 kg/hm²（64 kg/亩）；抗风能力属中上等；耐低浓度乙烯利刺激，较抗白粉病（黄华孙等，2005）。93-114 作为耐寒品种，是广东植胶区的主栽品种，因品种及地域的原因，其死皮率近 30%（王真辉等，2014b），高于全国其他地区水平。为有效缓解 93-114 死皮高发的问题，进一步验证该组合制剂的防治效果，同时，也为进一步优化改进该技术，研发更高效的死皮康复技术提供科学依据，最终解决因死皮率高而严重制约胶农增产增收的问题，特开展此研究。

（一）材料与方法

1. 供试材料

试验橡胶林地位于广东省三叶农场乔连分场 18 队，参试橡胶树品种为 93-114，植株 2~4 级死皮，割龄为 20 年，各参试植株长势基本一致。采用本团队研发的死皮康复组合制剂进行处理。

2. 试验方法

（1）试验设计

2015 年在该连队 1 号林段选取 78 株死皮植株开展试验；2016 年又在该连队 2 号林段选取了 102 株死皮植株进行重复试验。

2015—2016 年试验区，设药剂处理和对照两个处理，参试胶树共 78 株，处理和对照各 3 个重复，每个重复 13 株；各植株在胶园随机分布。施药当年采集试验前基础数据，当年停割前采集试验后数据。第二年对试验植株进行定期测产。

2016—2017 年试验区，设药剂处理和对照两个处理，参试胶树共 102 株，处理和对照各 3 个重复，每个重复 17 株；各植株在胶园随机分布。施药当年采集试验前基础数据，当年停割前采集试验后数据。施药当年及第二年定期测产。

采集数据前，先预割 2 刀（3 天一刀，按 1/2 树围开阳刀），第三刀正式观测，观测指标包括割线症状及各小区胶乳产量。

（2）施药方法

处理组植株，采用胶体制剂割面涂施结合液体剂型树干喷施相结合的处理的方式；对照组不做任何处理。

胶体制剂施用方法：轻刮割线上下 20 cm 范围内粗皮，去除粗皮与杂物，用毛刷将制剂均匀涂抹在割线上下 20 cm 树皮上（涂满整个清理面，以液体不下滴为宜）；每株每次用量 20 g 左右，施用频率为每周 1 次，施药周期为 2 个月。A 区处理时间为 2015 年 4—6 月；B 区处理时间为 2016 年 6—8 月。

液体制剂施用方法：将药剂稀释 40 倍后采用喷雾器均匀喷施在橡胶树 1.8 m 以下的树干及根部，每株喷稀释液 1 L；施用频率为每周 1 次，施药周期为 4 个月。A 区处理时间为 2015 年 4—7 月；B 区处理时间为

2016 年 6—10 月。

（二）结果与分析

1. 死皮康复组合制剂处理对橡胶树死皮长度的影响

如表 5-4 所示，2015—2016 年试验区，试验前对照组和处理组植株死皮长度相当，无显著性差异；试验后处理组植株死皮长度减少 24.99 cm，而对照组植株死皮长度仅减少 11.43 cm；其对应的死皮长度恢复率分别为 72.31% 和 27.90%，处理组植株的死皮恢复率显著大于对照组植株，其增加值为 44.41%。2016—2017 年试验区，试验前对照组和处理组植株死皮长度相当，无显著性差异；试验后处理组植株死皮长度减少 32.14 cm，而对照组植株死皮长度仅减少 15.29 cm；其对应的死皮长度恢复率分别为 87.37% 和 41.39%，处理组植株的死皮恢复率显著大于对照组植株，其增加值为 45.98%。两次重复试验结果一致，死皮植株的割线症状存在一定的自然恢复，但其恢复效果有限，而使用死皮康复组合制剂后，死皮植株的恢复率显著提高，两次重复试验的均值为 79.84%，平均增加值为 45.20%。

表 5-4　死皮长度变化情况

试验区	组别	株均割线长度（cm）	株均死皮长度（cm）		死皮长度恢复值（cm）	死皮长度恢复率
			试验前	试验后		
2015—2016年试验区	对照组	49.6±1.46a	41.58±1.42a	30.16±4.75a	11.43±3.83a	27.90%±9.70%b
	处理组	54.33±0.86a	34.55±2.33a	9.56±2.98b	24.99±3.33a	72.31%±7.98%a
2016—2017年试验区	对照组	50.8±1.87a	37.05±1.78a	21.76±1.57a	15.29±0.22b	41.39%±1.36%b
	处理组	51.9±2.24a	36.70±2.01a	4.56±0.52b	32.14±2.5a	87.37%±2.00%a

注：表中数值为均值±SE（$n=3$），同一试验区同列数据后不同小写字母表示在 5% 水平上 Duncan's 多重比较的显著性差异。

2. 死皮康复组合制剂处理对橡胶树死皮指数及防效的影响

如图 5-16 所示，2015—2016 年试验区，试验前试验组和对照组死皮指数无显著差异，试验后处理组死皮指数降低到 32.99，而对照组仍然高达 72.96，显著高于处理组。2016—2017 年试验区，试验前试验组和对照组死皮指数无显著差异，分别为 86. 33 和 85. 25，试验后处理组死皮指数降低到 17. 97，而对照组仍然高达 62. 06，显著高于处理组。两次重复试验结果一致，使用死皮康复组合制剂后，死皮植株的死皮指数显著降低，降低值高达 68. 36。通过进一步对其防效进行计算，两次试验死皮康复组合制剂对橡胶树死皮的防效分别为 47. 26% 和 71. 41%，两次重复试验的平均防效为 59. 34%（图 5-17）。

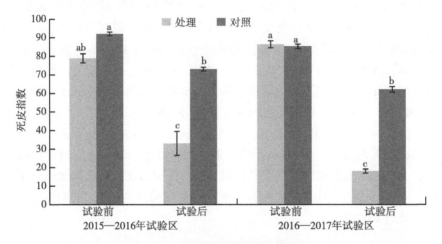

图 5-16　不同处理死皮指数的变化

注：图柱上方不同小写字母表示处理间差异显著（P＜0. 05）。下同。

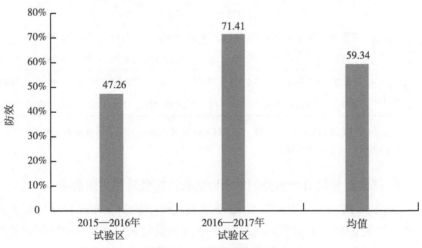

图 5-17　不同试验区防效

3. 死皮康复组合制剂处理对橡胶树死皮植株胶乳产量的影响

2015—2016 年试验区，处理第二年跟踪测产。如图 5-18 所示，经死皮康复组合制剂处理植株其单株胶乳产量明显增加，且随着时间的推移，其产量也呈逐渐增加的趋势，到 2016 年 11 月（停割前），其单株胶乳产量达 204 g；而对照组植株胶乳产量一直维持在低位，最高仅仅为 76 g。相对于对照组植株，处理组植株胶乳增产达 1.68 倍。2016—2017 年试验区，跟踪试验当年及第二年的产量数据，结果如图 5-19 所示。数据显示，处理组植株单株胶乳产量随着时间的推移呈逐渐增加的趋势。处理当年，处理植株单株胶乳产量由 10 g，增加到 2016 年 10 月 16 日的 56 g。第二年处理组植株的单株胶乳产量更是迅速增长，到 2017 年年底停割前，其单株胶乳产量达 144 g。而对照组植株，其单株产量一直维持在低位（4~20 g）。处理组植株的单株胶乳产量明显高于对照组植株。相对于对照组植株，处理组植株胶乳增产高达 6.20 倍。两次重复试验结果虽然增产幅度有所差异，但趋势一致，表明橡胶树死皮植株施用死皮康复组合制剂明显增加死皮植株胶乳产量。这一结果与前文中对各处理的死皮长度、死皮长度恢复率、死皮指数及防效的结果相一致。

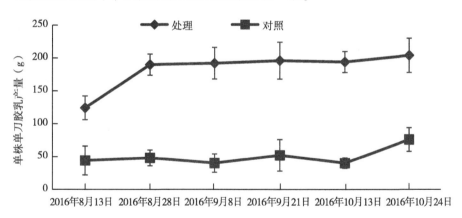

图 5-18　2015—2016 年试验区不同处理平均单株单刀胶乳产量动态变化

（三）小　结

本研究两次重复试验显示，死皮康复组合制剂对 93-114 的死皮长度恢复率分别为 72.31% 和 87.37%，其均值为 79.84%，其效果要优于

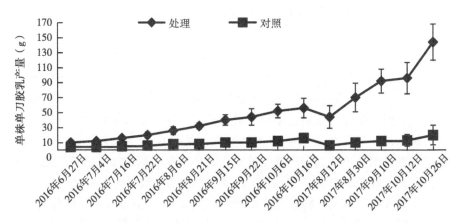

图 5-19　2016—2017 年试验区不同处理平均单株单刀胶乳产量动态变化

云南植胶区主栽品种。可见，不同植胶区不同品种的防效不一，存在一定的品种适应性。本研究针对 93-114 开展了两次重复试验，尽管存在一定差异，但总体趋势一致，显示出较好的防效。采用死皮康复组合制剂对 93-114 进行死皮防治，其死皮长度恢复率为 79.84%，较对照增加 45.20%；死皮指数降低值可达 68.36，防效可达 71.41%，两次重复试验防效均值也为 59.34%；死皮植株胶乳产量显著增加，两次重复试验处理组植株单株单刀胶乳产量分别达 204 g 和 144 g；相比对照组，两次重复试验处理组植株胶乳增产分别达 1.68 倍和 6.20 倍。本研究中对照组两次重复试验死皮长度恢复率分别为 27.90% 为 41.39%，死皮植株割线症状存在明显的自然恢复；胶乳产量也有一定的增加，但增加不明显，一直维持在低位（4~20 g），与处理组植株胶乳产量达 204 g 和 144 g 相比存在显著的差异。这有可能是自然恢复死皮植株产胶能力有限，割线上有胶乳排出，但量不多。这与生产上所出现的一般自然恢复植株耐割性差，恢复后进行割胶，容易再次死皮的现象吻合。综上所述，该死皮康复组合制剂及其配套施用技术能显著改善 93-114 死皮植株割线症状，增加胶乳产量，死皮防控效果显著。

七、死皮康复组合制剂在橡胶树品种云研 77-4、GT1 上的应用研究

云研 77-4（亲本：GT1×PR107）由云南省热带作物科学研究所 1977 年选育出来的橡胶树抗寒高产品种，在"八五"期间全国橡胶树品种汇评中被评为小推级品种，1997 年云南农垦橡胶树品种汇评中被评为中推级品种，1999 年 12 月通过全国农作物品种审定委员会审定，2002 年全国橡胶树品种汇评中被评为大规模推广级种植品种（刘忠亮等，2012）。云研 77-4 生势好、产量高、抗寒能力强，产胶和生长性状稳定，是当前云南二类型、三类型植胶区的主栽品种（和丽岗等，2010），也是第二代胶园的主推品种（敖硕昌等，1998）。

GT1 为印度尼西亚育成的初生代无性系。1960 年由中国热带农业科学院橡胶研究所和大丰农场同时引进，中国热带农业科学院南亚热带作物科学研究所和化州橡胶研究所发现其具有一定抗寒力，因而很快大面积推广。在海南 1~13 割龄年产干胶 1 375 kg/hm²（92 kg/亩），有晚熟倾向。生长中等，抗寒能力较强，抗风性较差，易感炭疽病。较耐乙烯利刺激割胶，死皮率低（黄华孙等，2005）。

（一）材料与方法

1. 供试材料

试验橡胶林地位于云南省河口县坝洒农场曼娥 5 队，参试橡胶树品种为云研 77-4 和 GT1，试验开始时该林段割龄分别为 4 年和 15 年。采用本团队研发的死皮康复组合制剂进行处理。

2. 试验方法

（1）试验设计

本实验设药剂处理和空白对照（CK）两个处理，其中云研 77-4 参试胶树共 75 株，处理组 45 株，对照组 30 株；GT1 参试胶树共 50 株，处理组 35 株，对照组 15 株。各处理植株田间随机分布。

（2）施药方法

胶体剂型施用方法：施药前先清理胶线及割线上下 20 cm 割面范围粗皮。用毛刷将药剂均匀涂施于清理好的割线及割面；每株每次用药 20 g 左右，施用频率为每周 1 次，施药周期为每年施药 3 个月。施药处理两年，分别为 2015 年 4—7 月和 2016 年 6—9 月。

液体剂型施用方法：将药剂稀释 20 倍后用喷雾器均匀喷施在橡胶树 1.8 m 以下的树干及根部，施用频率为每周 1 次，施药时间为 2015 年 5—10 月和 2016 年 6—11 月。

每年试验开始后两种剂型药物同步施用，先用毛刷涂施胶体剂型，第二天用喷雾器均匀喷施液体剂型，每周各 1 次，每年两种剂型药物同步施用 3 个月后只喷施液体剂型，直到停止施药。

（3）数据的采集和处理

每年试验处理前和处理后，每个月观测各处理植株的死皮情况，记录割线长度和死皮长度，同时测定各植株胶乳产量，并用干胶仪测定其干胶含量。除调查前各参试植株按 s/2 d/3 先割 3 刀（次）后再进行调查外，其他时间不割胶，计算各处理死皮长度恢复率和死皮指数。

施药处理两年后，2017 年 7 月开始，先调查试验树死皮情况，挑选各处理中死皮级别 3 级以下或单株胶乳产量 80 mL/刀以上的橡胶树，按 s/2 d/3 持续割胶，其间不施用乙烯利，也不再施药。并于割胶前和割胶后每个月观测一次橡胶树死皮症状，记录割线长度和死皮长度，同时测定各植株胶乳产量，并用干胶仪测定其干胶含量。数据处理方法同前文。

（二）结果与分析

1. 死皮康复营养剂施用效果

2015 年观测结果见表 5-5，无论是处理组植株还是对照组植株，两个林段参试植株试验后死皮指数及割线死皮长度恢复率均无明显差异，处理组植株与对照组植株之间这两个指标也无明显差异；但两个试验点处理组植株与对照组植株平均单株胶乳产量有不同程度差异，云研 77-4 试验点处理组植株单株产量低于对照，而 GT1 试验点处理组植株单株产量则明显高出对照组植株近 1.3 倍。

表 5-5　2015 年各处理橡胶树死皮康复营养剂施用效果

品种	组别	株数（株）	死皮指数		平均单株干胶产量（g/株）		死皮长度恢复率
			试验前	试验后	试验前	试验后	
云研 77-4	处理组	45	63.11	65.78	5.90	12.75	-0.59%
	对照组	30	66.00	65.33	4.73	18.69	-2.54%
GT1	处理组	35	67.07	75.00	18.33	41.19	-3.88%
	对照组	15	77.33	82.67	9.31	17.41	-3.54%

2016 年继续在两个林段施药处理 5 个月后（观测结果见表 5-6），无论是 GT1 还是云研 77-4，两个试验点参试植株试验后死皮指数降低值及割线死皮长度恢复率均表现为处理组植株好于对照组，虽然试验前后处理组植株与对照组植株死皮指数均降低，尤其是云研 77-4 参试植株试验后死皮指数均显著低于试验前死皮指数，但处理组植株死皮指数的降低值要高于对照组植株，云研 77-4 和 GT1 处理组植株死皮指数降低值分别超出对照组植株 4.90 和 5.24，两个品种处理组植株平均单株死皮长度恢复率也明显高于对照组，分别高出对照组植株的 11.97% 和 11.29%。两个试验点处理组植株平均单株干胶产量均明显高于对照组植株，云研 77-4 和 GT1 处理组植株平均单株干胶产量比各自对照组植株分别高出 6.7% 和 159.7%。

表 5-6　2016 年各试验点橡胶树死皮康复营养剂施用效果

品种	组别	株数（株）	死皮指数		平均单株干胶产量（g/株）		死皮长度恢复率
			试验前	试验后	试验前	试验后	
云研 77-4	处理组	45	63.56 a	29.33 b	21.51	25.11	71.78%
	对照组	30	67.33 a	38.00 b	2.92	23.52	59.81%
GT1	处理组	35	73.33ab	44.09 b	6.37	45.34	61.32%
	对照组	15	85.00 a	61.00 ab	11.52	17.46	40.03%

2. 单株干胶产量变化

2016 年，整个测产周期云研 77-4 和 GT1 参试植株产量变化如图 5-20 和图 5-21 所示。云研 77-4 处理组植株与对照组植株平均单株干胶产量相差 5.96 g，主要由 6 月的产量差异造成，其余月份处理组植株与对照组植株平均单株干胶产量变化一致，且产量值并无明显差异。2016 年 GT1 产量测定结果见图 5-21，处理组植株产量随测定次数增加而增加，除 6 月外，其值均高于对照组植株平均单株干胶产量，最高值出现在 10 月，高出对照组植株平均单株产量 27.88 g。

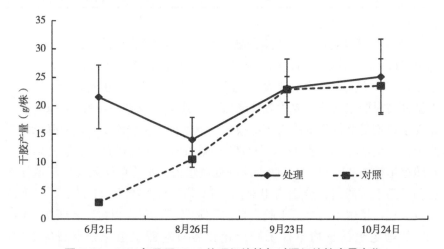

图 5-20　2016 年云研 77-4 处理组植株与对照组植株产量变化

3. 云研 77-4 中恢复产胶植株 2017 年进行持续割胶后的产胶情况分析

2017 年，云研 77-4 参试植株中恢复产胶植株 53 株，其中处理组 31 株，对照组 22 株。对这些恢复产胶植株进行持续割胶后的产量变化如图 5-22 所示，整个测产周期内云研 77-4 处理组植株与对照组植株平均单株干胶产量变化趋势一致，处理组植株与对照组植株平均单株干胶产量分别为 25.74 g 与 26.20 g，并无明显差异，产量最高值均出现在开始测产的 7 月，最低值也均出现在 9 月。

4. 复割植株死皮指数变化

复割过程中，除产量指标外，死皮指数变化也是评估复割效果的重要指标。云研 77-4 复割植株死皮指数变化情况见图 5-23，在测产过程中，

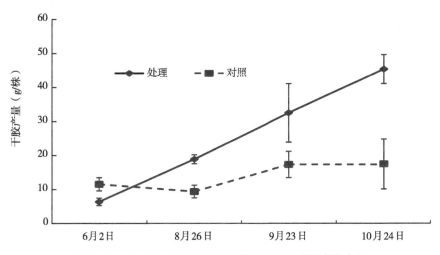

图 5-21　2016 年 GT1 处理组植株与对照组植株产量变化

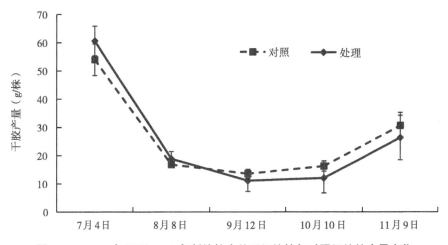

图 5-22　2017 年云研 77-4 复割植株中处理组植株与对照组植株产量变化

云研 77-4 复割植株死皮指数月变化与产量月变化呈现相反的变化趋势。测产后期（2017 年 10—11 月）处理组植株与对照组植株的死皮指数显著低于各自测产前期（2017 年 8—9 月）的值。此外，测产前期，处理组植株与对照组植株死皮指数变化无明显差异，后期，处理组植株与对照组植株死皮指数均呈降低趋势；相比于对照组植株死皮指数，处理组植株死皮指数降低幅度明显。到 2017 年 11 月初测产结束时，对照组植株死皮指数为 41.69，而处理组植株死皮指数则从最高时期的 63.01 降低到 27.46。

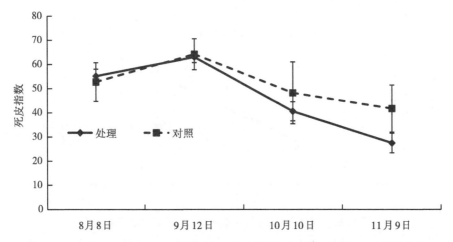

图 5-23　2017 年云研 77-4 复割植株中处理组植株与对照组植株死皮指数变化

（三）小　结

试验结果表明，施用死皮康复营养剂对试验点云研 77-4 和 GT1 死皮停割植株死皮指数的降低与割线症状的恢复有明显促进作用（图 5-24），且能提高死皮复割植株产量，施药处理 2 年后，GT1 处理组植株产量明显高于对照组植株。云研 77-4 复割植株持续割胶后，处理组植株与对照组植株产量变化趋势一致，在测产周期内，其产量并无明显差异，但处理组植株死皮指数在测产后期比对照组植株死皮指数降低明显，说明处理组植株在产胶可持续性方面更具有潜力。这一结果与之前的试验结果相似（周敏等，2016）。在死皮长度恢复情况方面，均表现出在云研 77-4 上的应用效果要好于 GT1，但 GT1 胶乳产量的恢复情况则要好于云研 77-4。综上所述，该死皮康复组合制剂及其配套施用技术对橡胶树死皮症状的恢复有明显促进作用，且能提高死皮植株产量，在产胶可持续性方面也更具有潜力。橡胶树死皮防治涂施剂对树皮的软化效果较好，有利于割胶。

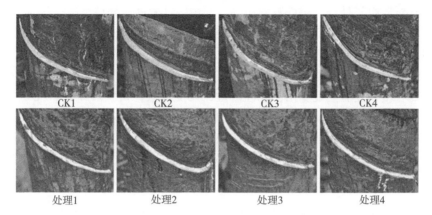

图 5-24　河口示范点云研 77-4 部分处理组植株与对照组植株割线症状比较

八、死皮康复组合制剂在橡胶树品种 PR107、大丰 95、热研 8-79 上的应用研究

（一）死皮康复组合制剂对 PR107 的康复效果

PR107 是由印度尼西亚国营农业企业公司育成的初生代无性系，于 1955 年前后引入中国，随即在广东、海南及云南等地进行适应性栽培试验，并对其表现情况进行了系统的鉴定，由海南南俸农场、海南保亭热带作物研究所、中国热带农业科学院橡胶研究所、海南大岭农场、海南大丰农场和海南农垦橡胶研究所共同选出，被推荐在海南、云南和广东植胶区大规模种植。PR107 是中国较早引种并试种成功的国外橡胶树优良无性系，其在中国的大规模种植对中国天然橡胶产业的发展起到了重要的推动作用。20 世纪 60 年代后逐步以其作为亲本进行杂交授粉，选育出了一大批优良的无性系。PR107 生势中等、晚熟、干胶含量高、耐刺激、较不耐寒、抗风性较好。

1. 死皮康复组合制剂对 PR107 死皮植株割线症状恢复情况

2016 年，在海南天然橡胶产业集团股份有限公司新中分公司 51 队选取 1991 年定植的 PR107 停割植株 102 株，其中 51 株用死皮康复营养剂处理，51 株作为对照，不作任何处理，评估死皮康复营养剂防效。在试验中，对照组与处理组植株数量相等，利用统计软件对处理组植株与对照组植株进行随机编号。处理组植株采用树干涂施与树干喷施相结合的方式，用死皮康复营养剂进行处理，处理时间为5个月。示范效果见表5-7，结果表明，施用死皮康复营养剂对橡胶树死皮停割植株死皮指数降低及割线死皮长度恢复有明显作用，处理组植株死皮指数比试验前降低26.37，死皮指数降低程度超出对照7.57；处理组植株单株死皮长度恢复率比对照组植株单株死皮长度恢复率增加9.78%。2016年示范点在7月和10月先后受到台风"银河"和"莎莉嘉"的影响，一些参试植株断倒，多数植株不同程度受害。

表5-7 死皮康复组合制剂处理后 PR107 死皮相关指标的变化

年份	组别	株数（株）	死皮指数		死皮指数变化值	死皮长度恢复率
			试验前	试验后	比试验前降低	
2015	处理组	169	75.15	39.76	35.39	31.09%
	对照组	72	91.67	67.50	24.17	30.10%
2016	处理组	51	91.72	65.35	26.37	39.47%
	对照组	51	88.95	70.15	18.80	29.69%

2. 死皮康复营养剂处理后复割植株的产量变化

2016年年初，在海南天然橡胶产业集团股份有限公司新中分公司2015年的2个示范树位中选出经死皮康复营养剂处理后割线症状恢复正常的处理植株78株以及对照植株22株进行复割试验，测定产量，结果见图5-25。2016年6—10月，复割后处理组植株平均单株产量在所有观测月份均高于对照组植株平均单株产量，处理组植株平均单株产量值为73.44~86.88 mL/株，对照组植株平均单株产量值为44.00~62.00 mL/株，复割的处理组植株产量明显高出对应月份对照组植株产量的最小值出现在6月，为17.41 mL/株，最大值出现在9月，为33.50 mL/株。结果说明，死皮康复营养剂对示范点复割后的植株产量增加明显。

3. 复割后植株死皮指数变化

复割过程中，除产量指标外，死皮指数变化也是评估复割效果的重要指标。复割后处理组植株与对照组植株死皮指数变化情况如图5-26所示，

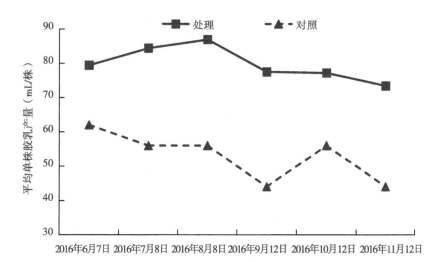

图5-25　死皮康复组合制剂处理后PR107胶乳产量的动态变化

经过5个多月的复割，处理组植株与对照组植株死皮指数均有不同程度加重，分别比复割前增加13.12和21.55，处理组植株死皮指数增加缓慢。

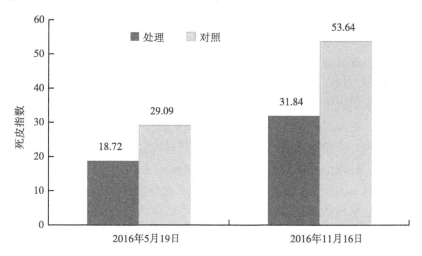

图5-26　死皮康复组合制剂处理后PR107死皮指数前后变化

4. 小　结

试验与示范的结果说明，施用死皮康复营养剂对本示范点PR107的死皮停割植株死皮指数降低与割线症状恢复有明显的促进作用，且能明显提高死皮复割植株产量，复割后1年内死皮指数增加不明显。示范点参试植株在试验地点比较分散，属于多个林段或树位，土壤肥力、地形、胶工技术以及管理措施各不相同，都会影响死皮康复营养剂处理效果，尽管该示范点2016年受到2次台风影响，但连续2年的结果一致，趋势相同，试验布置也更加合理，可以说明死皮康复组合制剂对PR107的死皮恢复有明显促进作用。

（二）死皮康复组合制剂对大丰95的康复效果

大丰95（亲本：PB86×PR107）是20世纪60年代海南大丰农场选育的高产抗性品种，1962年授粉，1990年评为中推品种，1995年晋升大推品种。生产示范区第一至第十一割年平均年产干胶3.09 kg/株（127 kg/亩）。生长与RRIM600相当，抗风、抗旱能力较强，抗寒性较强，接近GT1。较抗白粉病（黄华孙等，2005）。

2015年，在海南天然橡胶产业集团股份有限公司阳江分公司大丰片区8队选取1986年定植的大丰95完全停割植株150株进行试验，死皮康复组合制剂作用效果不明显。为了进一步评价早熟橡胶树品种死皮发生规律以及死皮康复组合制剂对早熟品种死皮发生的防控作用，2016年重新选择停割植株及接近停割的植株进行试验。在试验中，对照组与处理组植株数量相等，利用统计软件对处理组植株与对照组植株进行随机编号。处理组植株采用树干涂施与树干喷施相结合的方式，对其进行死皮康复组合制剂处理，处理时间为5个月。示范效果见表5-8，结果表明，施用死皮康复营养剂对橡胶树死皮停割植株死皮指数降低以及割线死皮长度恢复有一定作用，处理组植株死皮指数比试验前降低21.67，死皮指数降低程度超出对照组16.01；处理组植株单株死皮长度恢复率比对照组植株单株死皮长度恢复率增加30.04%。

表5-8　死皮康复组合制剂处理后大丰95死皮相关指标的变化

年份	组别	株数（株）	死皮指数		死皮指数变化值	死皮长度恢复率
			试验前	试验后	比试验前降低	
2015	处理组	75	98.93	97.04	2.79a	5.60%a
	对照组	75	98.13	98.67	−0.54a	3.18%a

（续表）

年份	组别	株数（株）	死皮指数		死皮指数变化值	死皮长度恢复率
			试验前	试验后	比试验前降低	
2016	处理组	60	73.00	51.33	21.67a	40.16%a
	对照组	60	71.33	65.67	5.66b	10.12%b

试验结果说明，施用死皮康复营养剂对示范点大丰 95 的死皮停割植株死皮指数的降低与割线症状的恢复有一定促进作用。根据 2015 年的结果推测，死皮康复营养剂可能与橡胶树品种的育种成熟特性（早熟晚熟类型）有关。为了进一步评价早熟橡胶树品种死皮发生规律以及死皮康复营养剂对早熟品种死皮发生的防控作用，2016 年试验前选树尽量选择割线有数量不等排胶点的死皮植株或停割植株。相比 2015 年，2016 年死皮康复效果稍好。停割植株经处理后，死皮长度恢复率增加，自然恢复的比例也同时增加。试验结果说明，橡胶树早熟品种死皮防治应当提早介入，死皮级别越低，防治效果可能会越好。

（三）死皮康复组合制剂对热研 8-79 的康复效果

热研 8-79（亲本：88-13×热研 217）由中国热带农业科学院橡胶研究所选育早熟高产品种。该品种目前我国选育的最高产品种之一，生产示范区 1~11 割年平均年产干胶 5.77 kg/株（167 kg/亩）。早熟第二割年单株产量达到 4 kg，第三割年达到 5 kg，亩产第二年即可达到 100 kg/亩。稳产产量持续上升至第六和第七割年后，维持在一个平稳的水平（黄华孙等，2005）。

2015 年开始在云南省热带作物科学研究所江南队选择热研 8-79 完全停割植株进行试验，死皮康复组合制剂作用效果不明显（表 5-9）。为了进一步评价早熟橡胶树品种死皮发生规律以及死皮康复营养剂对早熟品种死皮发生的防控作用，拟在死皮发生的早期阶段施用死皮康复营养剂进行干预。于是，2016 年重新选择 2 级以上死皮植株或接近停割的植株进行试验。在试验中，对照组与处理组植株数量相等，利用统计软件对处理组植株与对照组植株进行随机编号。处理组植株采用树干涂施与树干喷施相结合的方式，对其进行死皮康复组合制剂处理，处理时间为 5 个月，示范效果见表 5-9。处理组植株死皮指数比试验前降低 13.08，死皮指数降低程度超出对照组 17.88；处理组植株单株死皮长度恢复率为 6.17%，对照组植株死皮更严重，死皮长度增加 1.82%；死皮康复组合制剂综合防效达 28.32。

表 5-9　死皮康复组合制剂处理后热研 8-79 死皮相关指标的变化

年份	组别	株数	死皮指数		死皮指数变化值	死皮长度恢复率
			试验前	试验后	比试验前降低	
2015	处理组	30	96.67	90.67	6.00a	8.20%a
	对照组	30	95.56	88.89	6.67a	6.46%a
2016	处理组	30	59.23	46.15	13.08a	6.17%a
	对照组	30	55.20	60.00	−4.80b	−1.82%a

　　根据 2015 年的结果推测，死皮康复组合制剂的效果可能与橡胶树品种的发育特性（早熟晚熟类型）有关。为了进一步评价早熟橡胶树品种死皮发生规律以及死皮康复组合制剂对早熟品种死皮发生的防控作用，2016 年试验前选树尽量选择割线有数量不等排胶点的死皮植株或停割植株。施用死皮康复组合制剂对示范点热研 8-79 死皮植株的死皮指数降低与割线症状恢复有一定促进作用。结合 2015 年结果与 2016 年对早熟品种大丰 95 的死皮防治效果，认为橡胶树早熟品种死皮防治应当提早介入，死皮级别越低，防治效果可能会越好。

第六章　橡胶树死皮康复缓释颗粒调理剂防治技术

一、死皮康复缓释颗粒调理剂防治技术简介

橡胶树死皮康复缓释颗粒调理剂（图6-1）以高效腐植酸为载体、天然高分子缓释材料为包膜剂，结合死皮康复营养剂的主要有效成分，通过圆盘造粒技术（图6-2）生产出橡胶树死皮康复缓释颗粒调理剂，并结合根部施用技术防治橡胶树死皮。该技术根部施用1~2次缓释颗粒调理剂，长期有效，省工省时，同时，作为一种固体产品，运输携带方便，减少了流通成本。

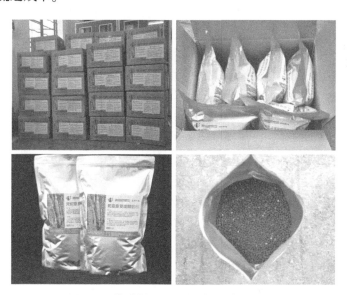

图6-1　橡胶树死皮康复缓释颗粒调理剂

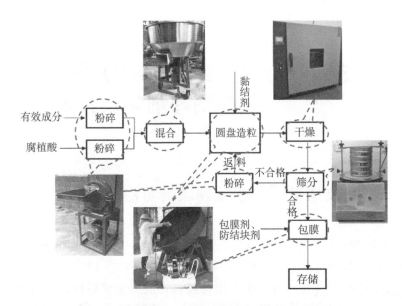

图 6-2　橡胶树死皮康复缓释颗粒调理剂生产示意

施用方法：若植株有肥穴，建议采用穴施。若没有肥穴则根据林段地势选择施用方法。地势平坦地区采用条施；如果环山行，坡不陡，则在缓坡外侧环施；如坡比较陡，则在环山行最内侧开弧形沟施用。如果采用条沟施或弧形沟施，应该在施肥前 2 周提前开好施肥沟，并用树叶或杂草覆盖。追施肥的位置与第一次施肥的位置应该对称（以树为参照）。

上述施用方法中的注意事项如下。

穴施：直接施入靠植株侧的半边肥穴，盖土。

条施：在行间正对植株、距其 1.5 ~ 2 m 处开约 1 m 长、10 cm 宽、15 cm 深的条沟，施入，盖土。

环施：距植株一定距离，正（反）45℃弧线上开 10 cm 宽、15 cm 深的条沟，施入，盖土（如果是缓坡外侧弧形沟距离为 1.5 ~ 2.0 m；如果是陡坡内侧，弧形沟距离以内坡与植株间的距离为准）。

施用量：首次施入 0.125 kg/株；施用约 4 个月后，可根据植株死皮恢复情况追施 0.050 ~ 0.125 kg/株。

施用时间：首次施入时间海南为 5 月初、云南为 4 月初、广东为 6 月初；追施时间海南为 9 月初、云南为 8 月初、广东为 9 月初。

二、死皮康复缓释颗粒调理剂制备工艺的优化

橡胶树树干喷施结合割面涂施"死皮康"技术是通过液体营养剂树干喷施与胶体剂型割面涂施相结合的方式进行防治，取得了较好的效果，但其防治方法需要多次反复施药，劳动强度相对较大，且受天气及操作等外部因素影响大。为进一步开发更轻简、高效、节能、环保的橡胶树死皮康复营养剂及其配套施用技术，本研究小组以高效腐植酸为载体，天然高分子缓释材料为包膜剂，结合原营养剂的主要有效成分，通过圆盘造粒技术生产出胶树死皮康复缓释颗粒调理剂，并结合根部施用技术对橡胶树死皮进行防治。

圆盘造粒主要采用团聚成型的原理，因其成粒率高、产品颗粒自动分级、外形较为圆整、设备成本低、易操作，目前应用较为广泛（刘峰等，2016）。因此，本章节主要介绍采用圆盘造粒工艺，将现有的橡胶树死皮康复营养剂制备成施用于根部的缓释颗粒剂型，并通过正交试验，获得橡胶树死皮防治缓释调理剂圆盘造粒的最佳工艺，开发出更有效、轻简的橡胶树死皮康复缓释颗粒调理剂防治技术。缓释颗粒运输方便，施用简单，同时因其具有缓释效果，一次施用长期有效，因此该方法高效，省工省时，节能环保。

（一）材料与方法

1. 试验材料

腐植酸：江西萍乡红土地腐植酸有限公司生产，粒度大小为 80 目，有效成分为 60%。

壳聚糖：浙江金壳药业有限公司生产，脱乙酰度≥90%、黏度为 50~800 mPa·s。

聚乙烯醇（PVA）：中国石化上海石油化工股份有限公司生产，醇解度为 86.0%~90.0%，聚合度为 1 650~1 850。

其他成分按照农业级采购。

2. 试验设备

主要设备：ZL5 型实验用圆盘造粒机（郑州春长机械设备有限公司），盘径直径 500 mm，边高 120 mm；WH9220BE 恒温干燥箱（上海智诚分析仪器制造有限公司）；003 型号高速万能粉碎机（永康古山耀南五金厂）；YHKC-2A 型颗粒强度测定仪（泰州市银河仪器制造厂）；标准分级筛，孔径分别为 1 mm、2 mm、4.75 mm。

3. 试验方法

试验以腐植酸为载体（占总物料质量 30%），已有橡胶树死皮防控药剂为主要有效成分，结合一些助剂，通过圆盘造粒的方法将其制备成缓释颗粒。试验中，各物料过 80 目筛，混匀后投入圆盘进行造粒，每次 3 kg，黏结剂用量为总物料的 10%。成粒率指粒度大于 1.0 mm 的颗粒占总物料的质量百分比（李彦明，2005），是评价该物料是否能造粒成形的重要指标，也是决定一种黏结剂是否适用于肥料生产的关键（王雪郦和邱树毅，2011）。通过前期的初步试验，发现该橡胶树死皮防治调理剂缓释颗粒成粒率都超过 90%，说明通过圆盘造粒是可行的。影响圆盘造粒机造粒效果的主要参数有圆盘转速、倾斜角度、黏结剂等。在现有设备情况下，以粒度、颗粒强度和崩解率为目标值，采用 $L_9(3^4)$ 正交表安排试验，以探索该缓释颗粒调理剂圆盘造粒的最佳生产工艺。

经正交试验前的初步试验及查阅相关资料，结合现有试验设备的限定条件，选定各因子及水平见表 6-1。

表 6-1 正交试验因子水平

水平	A—圆盘转速（r/min）	B—圆盘倾角	C—黏结剂
1	20	30°	水
2	40	45°	壳聚糖
3	60	60°	聚乙烯醇（PVA）

4. 测定方法

粒度：参照 GB 15063—2009《复合肥料》中粒度的测定方法。

颗粒抗压强度：随机抽取成品缓释颗粒 30 粒，然后采用颗粒强度测定仪测定每粒颗粒的强度，最后取其平均数（汤建伟等，2008）。

崩解率：随机抽取 20 粒颗粒，置于 250 mL 的广口瓶中，加入 100 mL 的去离子水，在 30℃恒温箱中放置 24 h 后，记录完整颗粒个数，试验重复 3 次（李彦明等，2005；范远等，2016）。按以下公式计算颗粒崩解率：

$$颗粒崩解率（\%）=\frac{24\ h\ 前完好颗粒数-24\ h\ 后完好颗粒数}{24\ h\ 前完好颗粒数}\times100$$

（二）结果与分析

1. 各因素对各指标的影响分析

（1）各因素对粒度的影响

参照 GB 15063《复合肥料》，粒度指粒径为 1.0~4.75 mm 的颗粒占总物料的质量百分比。粒度范围要窄，这对于散装颗粒制剂尤为重要，否则大小颗粒在运输和施用过程中容易离析，因此，粒度对颗粒制剂是一个非常重要的指标。

如图 6-3 所示，圆盘转速及圆盘倾角对粒度的影响趋势相似，均呈先减小后增大的趋势，当圆盘转速为 40 r/min、圆盘倾角 45°时粒度最低。通过试验发现转速或倾角偏小（20 r/min 或 30°）时，物料容易紧贴盘底；转速或倾角偏大（60 r/min 或 60°）时，物料容易紧贴盘壁，形成的料幕相对较小，物料成粒均匀。当转速为 40 r/min 或倾角为 45°时，形成

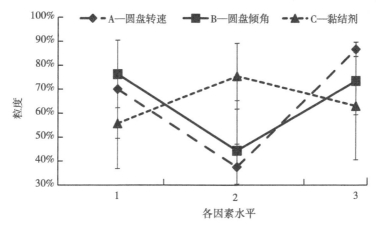

图 6-3　各因素对粒度的影响

的料幕相对较大，物料过度成粒，导致粒度大于 4.75 mm 的颗粒占比较大，因此粒度偏低。结合黏结剂对粒度影响的趋势线，可以判断三种黏结剂优先次序依次为壳聚糖、聚乙烯醇、水。

（2）各因素对颗粒强度的影响

颗粒强度，是缓释颗粒制剂一个非常重要的指标。颗粒制剂要有一定的硬度和耐压强度，以便贮运和减少结块倾向，保持其缓释性能，同时有利于机械化施肥（薛海龙等，2017）。

如图 6-4 所示，颗粒强度随着圆盘转速的增加而增加，转速快有利于微小颗粒间相互作用，形成的颗粒更紧凑；颗粒强度随着圆盘倾角的加大而减少；试验发现，当倾角分别为 30°、45°、60°时，造粒时间通常为约 2 h、1.5 h、1.0 h。可能是因为随着倾角增大，成粒偏快，在成粒过程中包裹相对松散，最终导致颗粒强度偏低。从黏结剂趋势线可以判断三种黏结剂优先次序依次为壳聚糖、水、聚乙烯醇。壳聚糖是一种碱性多糖，它的长链中含有氨基，能够在造粒烘干的过程中与腐植酸中的羧基相互作用（魏云霞等，2016），形成较稳定的复合长链，从而提高颗粒的强度。

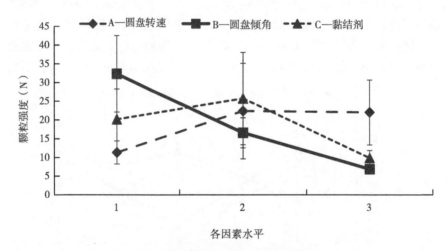

图 6-4 各因素对颗粒强度的影响

（3）各因素对崩解率的影响

颗粒有机复混肥若要满足缓释肥的要求，首先颗粒必须能在完全水浸的一定时间内不破碎，颗粒若发生破碎，必将导致大量的无机速溶养分溶解进入水溶液（王雪郦和邱树毅，2011）。

如图 6-5 所示，颗粒崩解率随着圆盘转速的增加而减低，与颗粒强度的趋势正好相反。有可能在一定范围内颗粒越紧凑，浸水后其吸水量更多，自身膨胀倍率更大，导致其崩解率上升。在圆盘倾角为 45°时，其崩解率最低。同样，通过黏结剂趋势线，我们可以判断三种黏结剂优先次序依次为壳聚糖、聚乙烯醇、水。聚乙烯醇是一种水溶性的高分子，吸水后溶胀，因此以它作为黏结剂颗粒浸水容易崩解。壳聚糖是非水溶性的，不溶于水，能溶于大多数无机酸和有机酸中，浸水后不易溶胀。

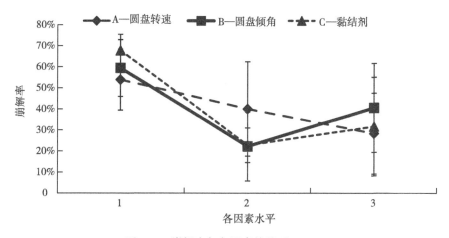

图 6-5　崩解率与各因素的关系

2. 正交优化试验结果及分析

（1）正交试验极差分析

表 6-2 为正交试验的结果，通过分析直观极差结果发现，3 个因素对缓释颗粒调理剂的粒度影响从大到小依次为 A＞B＞C，即圆盘转速＞圆盘倾角＞黏结剂，最优组合为 $A_3B_1C_2$；3 个因素对颗粒强度影响的主次因素关系为 B＞C＞A，最优组合为 $A_3B_1C_2$；3 个因素对缓释颗粒调理剂崩解率影响的主次因素关系为 C＞B＞A，最优组合为 $A_3B_2C_2$。比较粒度、颗粒强度和崩解率这 3 个评价指标得到的 3 个组合，只有在圆盘角的选择上存在差异。

表 6-2　正交试验结果

试验号		A—圆盘转速（r/min）	B—圆盘倾角	C—黏结剂	D—空项	粒度	颗粒强度（N）	崩解率
1		1（20）	1（30°）	3（PVA）	2	88.52%	13.09	78.33%
2		1（20）	2（45°）	1（水）	1	29.13%	15.54	55.00%
3		1（20）	3（60°）	2（壳聚糖）	3	92.32%	5.30	28.33%
4		2（40）	1（30°）	2（壳聚糖）	1	48.27%	47.87	33.33%
5		2（40）	2（45°）	3（PVA）	3	18.30%	10.19	5.00%
6		2（40）	3（60°）	1（水）	2	45.87%	9.00	81.67%
7		3（60）	1（30°）	1（水）	3	92.15%	35.95	66.67%
8		3（60）	2（45°）	2（壳聚糖）	2	85.58%	23.96	6.67%
9		3（60）	3（60°）	3（PVA）	1	82.03%	6.13	11.67%
粒度	$k1$	69.99	76.31	55.72	53.14			
	$k2$	37.48	44.3	75.39	73.32			
	$k3$	86.59	73.41	62.95	67.59			
	R	49.11	31.97	19.67	20.18			
	主次顺序	A＞B＞C						
	优水平	A_3	B_1	C_2				
	优组合	$A_3B_1C_2$						
颗粒强度	$k1$	11.31	32.3	20.16	23.18			
	$k2$	22.36	16.57	25.71	15.35			
	$k3$	22.01	6.81	9.81	17.15			
	R	11.05	25.5	15.9	7.83			
	主次顺序	B＞C＞A						
	优水平	A_3	B_1	C_2				
	优组合	$A_3B_1C_2$						
崩解率	$k1$	53.89	59.44	67.78	33.33			
	$k2$	40.00	22.22	22.78	55.56			
	$k3$	28.34	40.56	31.67	33.33			
	R	25.55	37.22	45.00	22.22			
	主次顺序	C＞B＞A						
	优水平	A_3	B_1	C_2				
	优组合	$A_3B_2C_2$						

注：R 为各指标极差；$k1$、$k2$、$k3$ 分别表示各因素水平下各指标的平均值。

（2）正交试验方差分析

通过方差分析，表6-3中 F 值表明，各因素对粒度的影响大小依次为 A＞B＞C，即圆盘转速＞圆盘倾角＞黏结剂；表6-4中 F 值表明，各因素对颗粒强度的影响大小依次为 B＞C＞A，即圆盘倾角＞黏结剂＞圆盘转速；表6-5中 F 值表明，各因素对崩解率的影响大小依次为 C＞B＞A，即黏结剂＞圆盘倾角＞圆盘转速。这一结果与极差分析的结果一致。从单个指标优化工艺条件可知，圆盘转速为 60 r/min 对三个指标都是最有利的。圆盘倾角为 30°对粒度和颗粒强度都是最有利的，45°对崩解率最有利；同时，考虑到圆盘倾角是影响颗粒强度的主要因素，而其对崩解率的影响是次要的，所以选择圆盘倾角为 30°为最佳造粒倾角。选择壳聚糖为黏结剂对三个指标都是最有利的。综上所述，腐植酸基缓释橡胶树死皮防治调理剂圆盘造粒的最佳工艺为 $A_3B_1C_2$，即圆盘转速为 60 r/min、圆盘倾角为 30°，黏结剂为壳聚糖水溶液。

表 6-3　各因素对粒度影响的方差分析

变异来源	平方和	自由度	均方	F 值	P 值
圆盘转速（A）	3 743.814	2	1 871.907	5.770	0.148
圆盘倾角（B）	1 876.021	2	938.010	2.892	0.257
黏结剂（C）	594.115	2	297.057	0.916	0.522
误差	648.810	2	324.405		
总和	6 862.760				

表 6-4　各因素对颗粒强度影响的方差分析

变异来源	平方和	自由度	均方	F 值	P 值
圆盘转速（A）	236.632	2	118.316	2.344	0.299
圆盘倾角（B）	992.785	2	496.393	9.836	0.092
黏结剂（C）	391.117	2	195.559	3.875	0.205
误差	100.938	2	50.469		
总和	1 721.472				

表 6-5　各因素对颗粒崩解率影响的方差分析

变异来源	平方和	自由度	均方	F 值	P 值
圆盘转速（A）	981.675	2	490.838	0.994	0.502
圆盘倾角（B）	2 078.146	2	1 039.073	2.104	0.322
黏结剂（C）	3 408.505	2	1 704.253	3.451	0.225
误差	987.753	2	493.877		
总和	7 456.079				

（3）验证实验

通过正交试验优化，得腐植酸基缓释橡胶树死皮防治调理剂圆盘造粒的最佳工艺：圆盘转速为 60 r/min、圆盘倾角 30°，黏结剂为壳聚糖水溶液。此最优试验组合不在 9 个试验组中，因此根据此条件进行验证试验。在该工艺条件进行了 3 次平行试验，制备所得的缓释颗粒调理剂各性能平均值：粒度为 91.5%、颗粒强度为 34.1 N、崩解率为 10%。参照 GB 15063—2020《复合肥料》，其粒度及颗粒强度已达相关要求；从崩解率看，所制备的调理剂颗粒具有一定的缓释性能。这一结果与表 6-2 正交试验 1~9 号试验条件下所制备的缓释调理剂各性能进行对比，其综合性能最佳，可见通过正交试验设计优化后的最佳工艺是相对可靠的。

（三）小　结

本研究以腐植酸为载体，以已有橡胶树死皮防控药剂配方为主要有效成分，分别采用水、PVA 和壳聚糖三种黏结剂，对其进行圆盘造粒，所得的产品成粒率都超过 90%，说明针对该物料圆盘造粒是可行的。试验结果表明，以水作为该物料的黏结剂是可行，同时本试验结果与传统试验结果不同，水的黏结性能小于具有黏性的 PVA，但利用水造粒出来的颗粒却具有更高的抗压强度。王雪郦和邱树毅（2011）的试验结果表明，以水作为黏结剂时复合肥的颗粒强度要大于聚乙烯醇，与本结果类似，这可能与物料本身成分和含量有关。尽管水是一种经济实惠的黏结剂，但针对本橡胶树死皮缓释颗粒制剂，以壳聚糖为黏结剂所制备的缓释颗粒制剂各项性能指标更优；另外，壳聚糖具备一些优异的物化性能。壳聚糖是自然界中除蛋白质外含氮量最为丰富的有机氮源，也是唯一的碱性多糖。由于游离氨基的存在，壳聚糖能溶于大多数无机酸和有机酸中；它具有无毒无害、生物兼容性良好、广谱抗性、氮与碳养分丰富、成膜缓释等诸多优点，在农业领域有着广阔的应用前景（蒋小姝等，2013）。腐植酸广泛存在于土壤有机质、泥炭、褐煤、风化煤以及湖泊和海洋沉积物中。它是一组羟基芳香族羧酸的混合物，含有碳、氢、氧、氮等元素以及芳香核、羟基、羧基、羰基、醌基、甲氧基等活性基团，这些活性基团决定了腐植酸具有弱酸性、亲水性、离子交换性、络合性、氧化还原性及生理活性等。腐植酸目前在农业中的应用较广泛，它具有改良土壤、提高肥效、刺激作物生长、增强作物抗逆性能及提高作物品质等功效，常与农药或肥料复配，既减小农药的毒性，又减少污染，提高药（肥）效率、降低用量，是一种较好的农药（肥料）缓释增效剂（马丙尧等，2008；张敏等，2014；崔文娟等，2016）。本研究以腐植酸为载体，壳聚糖为黏结剂，通过圆盘造粒技术制得的橡胶树死皮防治缓释调理剂，配合根部施用技术，一次性将橡胶树死皮防治药剂施入根部，省工省时；同时作为一种固体产品，运输携带方便，减少了流通成本。因此，橡胶树死皮康复缓释调理剂应用前景广阔。它的投入使用，有助于企业与胶农增产增收。

三、死皮康复缓释颗粒调理剂施用技术的优化

前文介绍了橡胶树死皮康复缓释颗粒调理剂的圆盘造粒工艺，并已经成功制备。为进一步验证该缓释颗粒的田间药效，同时优化其根部施用方法，本研究开展了相关田间试验，对死皮防治缓释颗粒不同根部施用方式的防治效果进行分析，同时与现有营养剂树干喷施技术进行对比。

（一）材料与方法

1. 材　料

选取位于海南省儋州市中国热带农业科学院试验场六队 11 号林段为试验区，以 2003 年定植并于 2011 年开割的热研 7-33-97 为研究材料。试验药剂为本研究小组研发的橡胶树死皮防治缓释颗粒调理剂（以下简称缓释颗粒）及橡胶树死皮康复营养剂（以下简称营养剂）。

2. 方　法

选取 100 株长势基本一致的死皮停割植株（4~5 级死皮），分别进行 4 组处理，每组处理树为 5 株，重复 4 次。4 种处理分别为穴施（直接施入靠试验植株侧的半边肥穴）、条施（非肥穴侧距植株 2 m 开约 1 m 长、15 cm 深的条沟）、环施（树干为圆心、1.5 m 为半径，非肥穴侧正 30°的圆弧位置开 15 cm 深的沟）、树干施用（树干喷施及割面涂施营养剂），具体见图 6-6。另设空白对照 1 组，株数和重复数同处理组。各小组在地块中随机分布。穴施、条施和环施分别一次性施用 0.25 kg/株的缓释颗粒后盖土，施药时间为 5 月下旬。树干施用：喷施液体营养剂频率为 1 次/周，每次使用 1 L 营养液稀释 20 倍，喷药时间为 5—8 月，共 4 个月；割面涂施胶体营养剂，20 mL/次（涂满割线上下 15 cm 范围，以液体不下滴为宜），1 次/周，涂施时间为 5—6 月，涂施 2 个月。试验周期为 5—11 月。

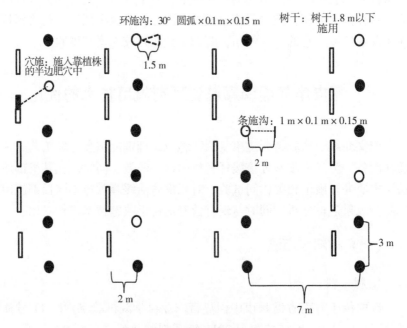

图 6-6　不同施用方式示意

注：长方形表示肥穴；实心圆点表示正常割胶植株；空心圆点代表死皮植株。

试验周期为 2017 年 5—11 月。施药前先获取基础数据，即 5 月数据；根据以往橡胶树死皮药效试验经验，施药后前 1.5 个月效果不明显（周敏等，2016），因此施药后从第二个月开始每月下旬进行观测。观测前都先预割 2 刀（3 天一刀，按 1/2 树围开阳刀），第三刀正式观测，观测指标包括割线症状、胶乳产量及干含。参试死皮植株在药剂恢复过程中除观测所需的 3 刀不额外进行割胶。该树位正常植株执行 s/2 d/3+ET 1.0%的割制。

（二）结果与分析

1. 不同施用方式对橡胶树死皮长度的影响

死皮长度和死皮长度恢复率是橡胶树割面症状及其变化情况的直观反映。通过跟随胶工割胶，逐株观测，统计观测结果如图 6-7 所示。数据显示，对照和处理植株死皮长度随处理时间的延长总体呈下降趋势。处理后的前 3 个月，各植株割线症状变化不大，处理后第四个月，割线症状转

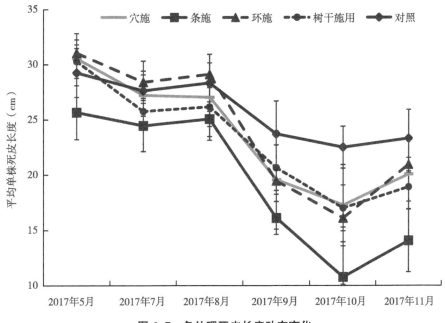

图 6-7　各处理死皮长度动态变化

好明显，第五个月后其变化达显著水平。经药剂处理的植株，其割线症状要好于对照。11月数据与试验前数据对比（5月数据），各处理平均单株死皮长度减少值分别为条施（11.60 cm）＞树干（11.38 cm）＞穴施（10.45 cm）＞环施（10.08 cm），而对照仅减少5.95 cm。不同施用方式，对其死皮长度恢复有一定的影响，具体见图6-8，各施用方式恢复率从大到小依次为条施（46.49%）＞穴施（35.14%）＞树干（34.38%）＞环施（31.66%）。其中条施效果最好，其死皮长度恢复率达46.49%，显著高于对照的22.69%，与树干施用对比，其死皮长度恢复率增加12.11%。而穴施、环施则与树干施用差异不明显。

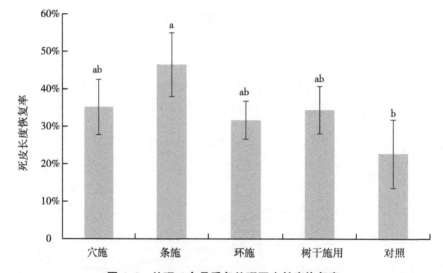

图6-8 处理6个月后各处理死皮长度恢复率

注：柱形图上方不同小写字母表示同一时间不同处理5%水平上Duncan's多重比较平均值的显著性差异；柱形上方误差线表示SE（$n=4$）。下图同。

2. 不同施用方式对橡胶树死皮指数及防效的影响

死皮指数是衡量死皮严重程度的一个重要指标。如图6-9所示，试验前（5月）各处理的死皮指数达到或接近90，均属重度死皮，处理间差异不显著。试验开始后第二、第三个月（7月、8月）各处理区的死皮指数差异不大；4个月后（9月、10月、11月），经药剂处理过的小区死皮指数都小于对照；其中，10月、11月条施处理显著低于对照，10月数据显示条施处理其死皮指数为47，显著低于当月的对照组的死皮指数72，相比低25。处理6个月后各施用方式死皮指数从小到大依次为条施＜树干施用＜穴施＜环施，这一趋势与死皮恢复率基本相符。与试验前相比各处理死皮指数降低值分别是24、25、24、24，而对照组只降低了14，但是4种处理之间的差异不显著。

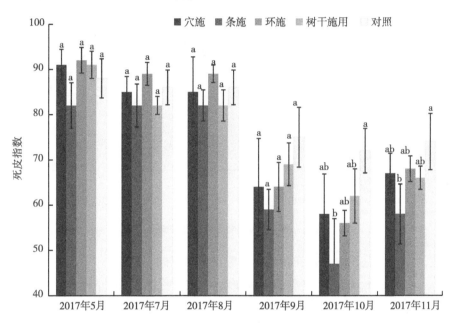

图6-9　各处理死皮指数的动态变化

经进一步的计算，得到不同施药处理的防效动态变化，如图6-10所示。各处理的防效前期（前3个月）稳定不变，其防效大小依次为树干施用（7.79%）＞穴施（4.42%）＞环施（1.01%）＞条施（-2.33%）；处理3个月后，各处理间的防效差异逐渐增大，到第五个月均达最高，其防效与试验前期正好相反，大小依次为条施（29.95%）＞环施（25.60%）＞穴施（22.10%）＞树干施用（16.73%）。防效最好的为条施处理，相对树干施用处理其防效高13.22%。由此可见，开沟施药在短期内对橡胶树死皮恢复不利，但一段时间后有利于橡胶树死皮恢复，尤以条施效果明显，其防效由刚开始的负值变为最大值。各处理第六个月防效稍有回落。防效大小依次为条施（15.89%）＞树干施用

（13.75%）＞穴施（12.44%）＞环施（12.10%）。

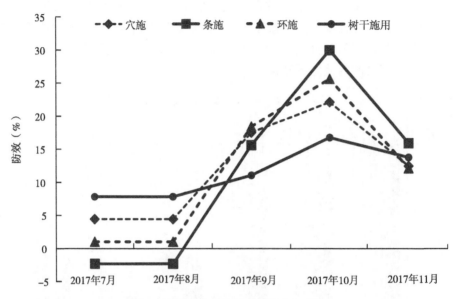

图 6-10　各药剂处理防效的动态变化

3. 不同施用方式对死皮植株干胶产量的影响

由图 6-11 可知，试验前，各植株死皮较严重，平均单株干胶产量不到 1 g，几乎可以忽略。处理后前 3 个月，各处理干胶产量随时间延长略有增加，但变化不明显。3 个月后，各处理平均单株干胶产量增加明显，且一直呈上涨趋势。同时经药剂处理的区组干胶产量都要大于对照。不同施用方式，对其干胶产量有一定的影响，6 个月后，各处理单株干胶产量依次为条施（47.35 g）＞树干施用（34.58 g）＞环施（29.63 g）＞穴施（28.17 g）＞对照（17.86 g）。条施效果最好，其平均单株干胶增产量达 46.47 g，显著高于对照的 17.17 g（图 6-12），与对照相比增产165.12%，与树干施用相比也增产 36.92%。

图 6-13 为条施处理干胶产量与当月同树位正常割胶植株干胶产量比值的月变化情况（注：该树位正常割胶植株平均单株干胶产量数据由中国热带农业科学院试验场六队提供），该数值整体呈递增趋势。处理前该数值仅为 9.34%，处理后前 3 个月，该数值波动不大，维持在 10%以下水平；第四、第五个月，该数值显著增加；第六个月，该数值进一步显著

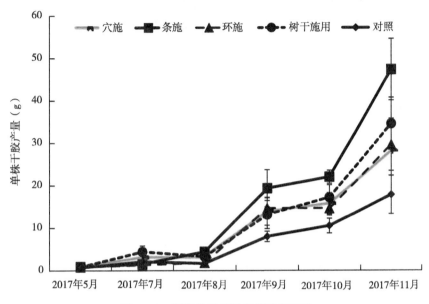

图 6-11　不同处理干胶产量动态变化

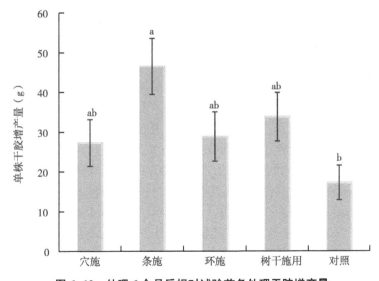

图 6-12　处理 6 个月后相对试验前各处理干胶增产量

增加，达 63.60%，相对试验前，增加了 54.26%。另外，7 月该值相对试验前有所降低，可能是因为开条沟切断根部引起暂时的减产，之后该数值显著提高，这与前文所述沟施对防效影响的情况一致。

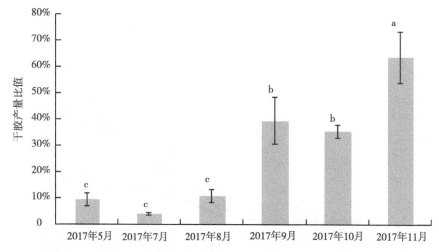

图6-13　条施处理相对当月同树位正常割胶植株干胶产量比值的变化

（三）小　结

开沟施用（条施、环施）在短时间内对死皮植株恢复不利，但经过一定时间后反而促进植株死皮的恢复。这有可能是因为开沟后，植株原来的根被切断，新生的根还未长出，水分、矿物质养分及所施用的药剂吸收受到影响，但新根一旦长出后，生长很快，而且都是生理活跃性很强的吸收根；此外，由于挖沟，土壤环境得到一定的改善，使根系能大量吸收水分、肥料及所施的药剂，从而促进后期死皮的恢复。许成文等（华南亚热带作物科学研究所橡胶栽培生态组，2008）的橡胶树切根试验表明，在切根后短时期内，有抑制茎粗生长现象，但经一段时间后，则能促进茎粗急剧增长；处理后5个月左右，切根植株的茎粗增长量比不切根的要大26%~54%。这一结果与本研究类似。采用条施效果要优于环施。王真辉等（2015）的研究表明，在距橡胶树树干水平1.5~3.0 m处的细根生物量存在1~2个峰值。本试验植株的细根分布峰值可能正好在距树干2 m处，因此在该处施药，药效快、利用率高，从而死皮恢复效果相对较好。

橡胶树死皮防治缓释颗粒调理剂对改善死皮植株割线症状，提高干胶产量具有很好的效果，其药效一般在施用后 3 个月左右开始显现；不同施用方式对其效果有所影响，其中条施效果最佳，其防效高达 29.95%，其次是环施及穴施；相比对照，条施效果达显著性水平，干胶增产 165.12%；与营养剂树干施用相比，其防效可提高 13.22%，干胶产量增加 36.92%。另外，缓释颗粒一次性施入根部长期有效，省工省时，同时，作为一种固体产品，运输携带方便，减少流通成本。因此，相对于营养剂树干施用技术，缓释颗粒根部施用技术药效及轻简方面都有很大的优势，其应用将有助于挖掘胶园生产潜能，促进企业与胶农增产增收。

四、死皮康复缓释颗粒调理剂田间应用

2020 年在中国热带农业科学院试验场（儋州），海南天然橡胶产业集团股份有限公司广坝分公司（东方综合试验站）、阳江分公司（琼中综合试验站）及新中分公司（万宁综合试验站）建立示范点 4 个，开展橡胶树死皮康复缓释颗粒调理剂（简称缓释颗粒）的示范应用，示范面积分别为 100 亩、80 亩、50 亩、80 亩，总计示范面积达 310 亩。

（一）中国热带农业科学院试验场示范点应用情况

1. 试验材料与方法

示范区位于儋州市中国热带农业科学院试验场，品种为热研 7-33-97，2002 年定植，示范面积 100 亩。采用随机分组方式将死皮植株分为缓释颗粒根部一次施入（处理 1）、两次施入（处理 2）、不做任何处理（对照）3 种处理，每个处理 3 个重复。处理 1 在行间正对植株、距其 1.5~2.0 m 处开约 1 m 长、10 cm 宽、15 cm 深的条沟，一次性施用 0.25 kg/株的缓释颗粒后盖土，施入时间 6 月上旬。处理 2 在行间正对植株、距其 1.5~2.0 m 处开约 1 m 长、10 cm 宽、15 cm 深的条沟，施入缓释颗粒，盖土；首次施入时间 6 月上旬，追施时间 9 月上旬，每次施入 0.125 kg/株；追施位置为以死皮植株为中心，与首次施入的对称位置。对照不做任何处理。

2. 示范应用结果

结果显示（表6-6），施用死皮康后橡胶树死皮停割植株割线显著改善，而对照植株割线症状基本不变。不同根施频次的死皮指数降低值分别为18.61（一次施用）、23.41（分两次施用），而对照为0.00；对应各处理的死皮长度恢复率分别是30.23%、32.30%和0.47%。分两次施用效果要好于一次施用，但不显著。

表6-6　热研7-33-97应用效果

处理	死皮指数		死皮指数变化值	死皮长度恢复率
	试验前	试验后	比试验前降低	
处理1	87.58±2.42ab	68.97±2.28bc	18.61	30.23%±5.78%a
处理2	90.55±3.26a	67.14±2.89c	23.41	32.30%±5.48%a
对照	88.89±5.88a	88.89±4.01a	0.00	0.47%±0.99%b

由图6-14可知，试验前处理1、处理2和对照单株单刀胶乳产量分别为19.83 mL、17.77 mL和18.16mL，试验后各处理的单株单刀胶乳产量分别为57.93 mL、66.13和20.11mL。处理1和处理2分别增产38.11 mL和48.36 mL，而对照仅增产1.95 mL，施用缓释颗粒的植株胶乳产量显著增加，同时也显著高于同时期的对照；另外，分两次施用的增产幅度要高于一次施用，但差异不显著。这一结果与前文中各处理的死皮指数、死皮长度结果相一致。由此可见，施用橡胶树死皮康复缓释颗粒调理剂能显著改善热研7-33-97品种死皮植株割线症状，同时能显著提高死皮植株胶乳产量，分两次施用橡胶树死皮康复缓释颗粒调理剂的效果略好于一次施用，但不显著。

（二）东方综合试验站示范点应用情况

1. 试验材料与方法

示范区位于东方市海南天然橡胶产业集团股份有限公司广坝分公司普光10队，品种为RRIM600，1976年定植，示范面积80亩。采用随机分组方式将死皮植株分为缓释颗粒根施及对照两种处理，每个处理3个重复。缓释颗粒根施处理在行间正对植株、距其1.5～2.0 m处开约1 m长、

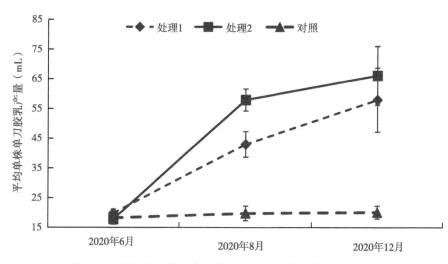

图 6-14　不同处理胶乳产量动态变化（品种：热研 7-33-97）

10 cm 宽、15 cm 深的条沟，施入缓释颗粒，盖土；首次施入时间 6 月上旬，追施时间 9 月上旬；每次施入 0.125 kg/株；追施位置为以死皮植株为中心，首次施入的对称位置。对照不做任何处理。

2. 示范应用结果

结果显示（表 6-7），对照植株死皮指数由试验前的 73.33 加重为试验后的 76.67；而经根施处理的植株其死皮指数由试验前的 73.46 降低为40.77，降低了 32.69，其试验前后的变化达显著性差异，同时也显著低于同时期的对照。根施与对照处理的死皮长度恢复率分别是 41.21%、－3.41%。可见，未经处理的植株割线症状进一步恶化，而根部施用缓释颗粒则显著改善橡胶树死皮植株割线症状。

表 6-7　RRIM600 应用效果

处理	死皮指数		死皮指数变化值	死皮长度恢复率
	试验前	试验后	比试验前降低	
根施	73.46±4.38 a	40.77±2.23b	32.69	41.21%±5.45%a
对照	73.33±3.64a	76.67±3.46a	－3.34	－3.41%±6.59%b

由图 6-15 可知，根施处理死皮植株单株单刀胶乳产量逐渐增加，由最初的 17.50 mL，增加到 60.00 mL，增产 42.50 mL；而对照植株胶乳产量有逐渐降低的趋势，前后单株单刀胶乳产量降低 3.15 mL。根施处理植株的胶乳产量显著增加，同时也显著高于同时期的对照，这一结果与前文中各处理的死皮指数、死皮长度结果相一致。由此可见，根施橡胶树死皮康复缓释颗粒调理剂能有效阻止 RRIM600 死皮植株进一步恶化，显著改善割线症状，同时能显著提高死皮植株胶乳产量。

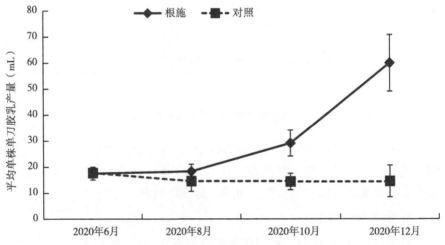

图 6-15　不同处理胶乳产量动态变化（品种：RRIM600）

（三）琼中综合试验站示范点应用情况

1. 试验材料与方法

示范区位于琼中县海南天然橡胶产业集团股份有限公司阳江分公司阳江片区 24 队，品种为大丰 95，1996 年定植，示范面积 80 亩。采用随机分组方式将死皮植株分为缓释颗粒根施及对照两种处理，每个处理 3 个重复。缓释颗粒根施处理在行间正对植株、距其 1.5~2.0 m 处开约 1 m 长、10 cm 宽、15 cm 深的条沟，施入，盖土；首次施入时间 6 月上旬，追施时间 9 月上旬；每次施入 0.125 kg/株；追施位置为以死皮植株为中心，首次施入的对称位置。对照不做任何处理。

2. 示范应用结果

结果显示（表6-8），对照植株死皮指数由试验前的96.06降低为试验后的92.94，仅仅降低3.12；而根施处理的植株其死皮指数由试验前的97.87降低为70.00，降低了27.87，其试验前后的变化达显著性差异，同时也显著低于同时期的对照。根施与对照处理的死皮长度恢复率分别是35.96%与6.48%。可见，未经处理的植株割线症状变化不大，而根施缓释颗粒则显著改善橡胶树死皮植株割线症状。

表6-8　大丰95应用效果

处理	死皮指数		死皮指数变化值	死皮长度恢复率
	试验前	试验后	比试验前降低	
根施	97.87±0.64 a	70.00±2.35b	27.87	35.96%±2.36%a
对照	96.06±1.59a	92.94±0.50a	3.12	6.48%±2.50%b

由图6-16可知，根施处理死皮植株单株单刀胶乳产量逐渐增加，由最初的11.73 mL，增加到43.92 mL，增产32.20 mL；而对照植株胶乳产量由最初的7.65 mL，增加到15.29 mL，仅增产7.64 mL，前后增加不显著。根施处理植株的胶乳产量显著增加，同时也显著高于同时期的对照；

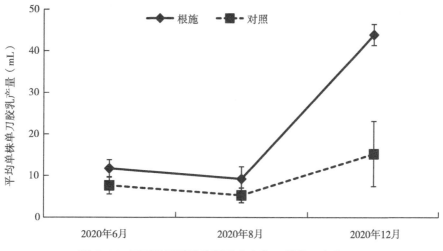

图6-16　不同处理胶乳产量动态变化（品种：大丰95）

这一结果与前文中各处理的死皮指数、死皮长度结果相一致。由此可见，根施橡胶树死皮康复缓释颗粒调理剂能显著改善大丰95死皮植株割线症状，同时能显著提高死皮植株胶乳产量。

（四）万宁综合试验站示范点应用情况

1. 试验材料与方法

示范区位于万宁市海南天然橡胶产业集团股份有限公司新中分公司51队，品种为PR107，1991年定植，示范面积50亩。采用随机分组方式将死皮植株分为缓释颗粒根施及对照两种处理，每个处理3个重复。缓释颗粒根施处理在行间正对植株、距其1.5～2.0 m处开约1 m长、10 cm宽、15 cm深的条沟，施入，盖土；首次施入时间6月上旬，追施时间9月上旬，每次施入0.125 kg/株；追施位置为以死皮植株为中心，首次施入的对称位置。对照不做任何处理。

2. 示范应用结果

结果显示（表6-9），对照植株死皮指数由试验前的74.67降低为试验后的66.22，仅仅降低8.45；而根施处理的植株其死皮指数由试验前的76.51降低为47.90，降低了28.61，其试验前后的变化达显著性差异，同时也显著低于同时期的对照。根施与对照处理的死皮长度恢复率分别是34.98%与1.63%。可见，未经处理的植株割线症状变化不大，而根施缓释颗粒能显著改善橡胶树死皮植株割线症状。

表6-9　PR107应用效果

处理	死皮指数		死皮指数变化值	死皮长度恢复率
	试验前	试验后	比试验前降低	
根施	76.51±5.61a	47.90±9.07b	28.61	34.98%±1.36%a
对照	74.67±5.40a	66.22±9.90a	8.45	1.63%±1.43%b

由图6-17可知，根施处理死皮植株其单株单刀胶乳产量逐渐增加，由最初的14.68 mL，增加到50.67 mL，增产35.99 mL；而对照植株胶乳产量由最初的13.99 mL，增加到19.33 mL，仅增产5.34 mL，前后不显著。根施处理植株的胶乳产量显著增加，同时也显著高于同时期的对照；

这一结果与前文中各处理的死皮指数、死皮长度结果相一致。由此可见，根施缓释颗粒能显著改善 PR107 死皮植株割线症状，同时能显著提高死皮植株胶乳产量。

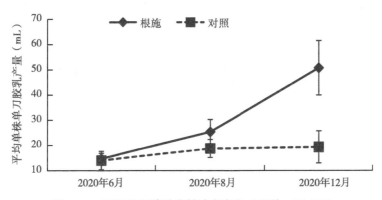

图 6-17　不同处理胶乳产量动态变化（品种：PR107）

（五）小　结

针对不同地区的主栽品种死皮植株，橡胶树死皮康复缓释颗粒调理剂表现出较好的死皮防治效果，显著改善割线症状，提高死皮植株胶乳产量。各示范点不同主栽品种死皮恢复率分别为 32.3%（热研 7-33-97）、34.98%（PR107）、35.96%（大丰 95）和 41.21%（RRIM600），各品种之间有一定的差异，但不明显。说明橡胶树死皮康复缓释颗粒调理剂的品种适应性相对较广。示范结果同时显示，同样用量的情况下，分两次施用橡胶树死皮康复缓释颗粒，死皮恢复效果要好于一次施用。

通过试验示范探索并结合生产实际确定橡胶树死皮康复缓释颗粒调理剂配套施用方案如下。

施用方式：若植株有肥穴，建议采用穴施。若没有肥穴，则根据林段地势选择施用方法：地势平坦地区建议采用条施；如果环山行，坡不陡，则在缓坡处条施；如环山行，坡比较陡，建议在环山行最内侧开弧形沟施用（弧形沟距离和长度根据地势情况适当调整）。

穴施：直接施入靠植株侧的半边肥穴，盖土。条施：在行间正对植株、距其 1.5~2.0 m 处开约 1 m 长、10 cm 宽、15 cm 深的条沟，施入，盖土。

施用量：首次施入 0.125 kg/株；施用 3~4 个月后，可根据植株死皮恢复情况追施 0.050~0.125 kg/株。

建议施用时间：首次施入时间为 4—5 月，追施时间为 8—9 月。

橡胶树死皮康复缓释颗粒运输方便、施用简单，同时具备缓释效果，一次或两次施用长期有效。该方法高效（死皮恢复率 32.3% 以上）、省工省时、节能环保，因此，具有很好的应用前景，其应用推广将有效解决橡胶树死皮对产业制约的瓶颈，挖掘胶园生产潜能，提高胶园单位面积产值，最终促进企业与胶农增产增收。

第七章 橡胶树死皮康复微胶囊树干包埋防治技术

一、死皮康复微胶囊树干包埋防治技术简介

死皮康复微胶囊（图7-1）树干包埋防治技术是指将橡胶树死皮康复营养剂制备成缓释微胶囊剂型，并结合树干木质部埋植技术对橡胶树死皮进行防治。通过树干木质部埋植技术将药剂一次性埋入木质部，操作简单，省工省时。因药剂直接埋植在树干木质部，避免了树干周皮的阻隔及天气的干扰，药剂被树体直接吸收，药效快，且药剂利用率高；同时，通过微胶囊技术实现药剂的缓慢释放，以期实现药剂释放与树体对药剂的需求同步，避免局部药量过大伤树。

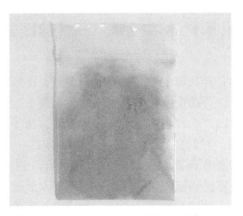

图7-1 橡胶树死皮康复缓释微胶囊样品

施用方法：先用皮带冲（直径1 cm）去除树干表层树皮；待胶乳流干，用手持电钻在树干包埋位置钻孔（孔径5~10 mm，角度向下倾斜

30°~45°)。将2~4 g橡胶树死皮康复缓释微胶囊导入事先在树干上打好的洞内，用橡胶筛配上油泥密封。2个月后更换一次药剂，即共放入药剂两次，每次施用的药量相同（图7-2）。

图7-2　树干木质部埋植技术示意

二、死皮康复营养剂缓释微胶囊的制备

针对通过液体营养剂树干喷施加胶体剂型割面涂施相结合的防治方法需要多次反复施药，劳动强度相对较大，且受天气及操作等外部因素影响大，特别是在云南山区，取水困难，上山难度大，树干表皮喷施药剂的方式受到很大的限制。同时，由于树皮角质层的存在，药剂吸收率相对较低。所以有必要对现有药剂剂型及施用技术进行改进，进一步开发更轻简、高效、节能、环保的橡胶树死皮康复营养剂及其配套施用技术。

微胶囊就是用一种或几种高分子化合物通过物理化学法、化学法或机械法等，使其成为能包容一定物质的微型容器。一般直径为2~500 μm，形状以圆形、椭圆形为主，也有不规则的形状。微胶囊壁材一般为天然高分子、合成高分子、半合成高分子化合物，如壳聚糖、海藻酸钠、明胶、阿拉伯胶、聚乙烯醇、聚酰胺、羧甲基纤维素等。而芯材可以是医药、农药、食品、香料、染料、化妆品、催化剂等领域的气体、液体、固体粉末等（曹丽云，1997；梁治齐，1999）。微胶囊的制备过程叫微胶囊化，就是将几微米到几百微米的气体、液体、固体、粉末等芯材包覆在很薄的皮膜中（绀户朝治，1989）。

　　海藻酸钠是天然高分子化合物海藻酸的可溶性盐，属多糖类线型天然高分子物质，由 D-甘露糖醛酸链段和 L-古洛糖醛酸链段交替结构组成。在水溶液中它的分子具有 $-COO^-$，是具有负电荷的聚阴离子高分子化合物，该水溶液还具有胶体特性、增稠性、稳定性、乳化性和成膜性（魏福祥等，1998）。壳聚糖分子稀酸溶液中含有 $-NH_2$，氨基的氮原子上有一对未共用的电子，能够从溶液中结合一个氢离子，形成带有 $-NH_3^+$ 的聚电解质。在一定条件下海藻酸钠分子与壳聚糖分子发生复合凝聚，在溶液中的溶解度降低，包覆在芯材周围凝聚形成微胶囊。

　　树干木质部埋植法是用钻孔工具在树干（或分枝）上钻孔，将药物直接埋植入木质部的一种施肥或给药方法。四川省自然资源研究所的童风等（1995）通过树干木质部埋植法矫正果树缺铁症取得良好的效果。20世纪 80 年代黎仕聪等（1981）通过树干打洞施药治疗橡胶树死皮。打洞施药治疗的办法是在病树割面的水线（或三角皮）位置，用直径 1 cm 的木工钻下斜打孔，深约 5 cm，把事先已装满药物（钼酸铵、硼砂、硫酸锌等）的塑料纸筒剪去一小角，剪口朝下塞入洞内，然后用油泥紧封洞口。施药后休割 1 周左右，然后按正常割制或稍降低割胶强度割胶，或采用高低线轮割的办法割胶。施药后两年经检查，约有 70%病树病情减轻，15%病树恶化；而对照有 75%病树恶化。可见对轻度营养性死皮树，采用打洞施药法治疗是有效的，而且可以继续割胶。但是，打洞部位木质部有一条干枯带，长约 30 cm，这表明药剂施入树干后，局部药剂浓度过大导致伤树，说明所使用的药剂剂型有待进一步改进。

（一）技术方案

　　本技术以海藻酸钠及壳聚糖为壁材，橡胶树死皮康复营养剂有效成分为芯材，采用复凝聚法将橡胶树死皮康复营养剂水剂制备成缓释微胶囊剂型，结合树干木质部埋植技术对橡胶树死皮进行防治，最终形成一套轻简高效的新型橡胶树死皮康复技术。

1. 工艺流程

橡胶树死皮康复营养剂微胶囊的制备包括如下步骤：配制一定浓度的海藻酸钠溶液，搅拌均匀，调整 pH 值到要求值（A 液）；配制一定浓度的壳聚糖醋酸溶液，加入一定量的橡胶树死皮康复营养剂，充分溶解，调整 pH 值到要求值（B 液）；将 100 mL 液体石蜡加入三口烧瓶，缓慢滴加 2.5 mL 的 span-80，高速乳化 10 min；向三口烧瓶中缓慢滴加 A 液 100 mL，再继续搅拌 10 min；向三口烧瓶中缓慢滴加 B 液 50 mL，固化 10 min；向三口烧瓶中滴加一定量 10% 的戊二醛，反应 2 h；离心、过滤、洗涤、干燥，得橡胶树死皮康复营养剂微胶囊（图 7-3）。

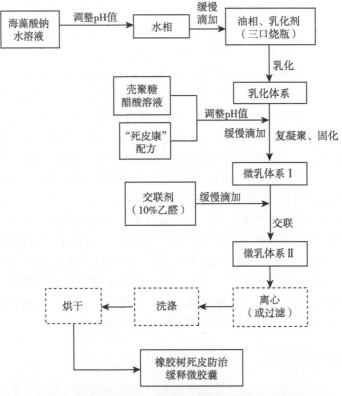

图 7-3　橡胶树死皮康复营养剂微胶囊制备工艺流程

2. 正交试验设计

通过查阅相关文献及预试验等分析，影响微胶囊成型的主要因素为壁材浓度、芯材用量、反应体系温度、pH 值及交联剂用量等。本研究以包封率、载药量为考察指标，设计 L_{16}（4^5）正交试验，结合前人经验及前期预试验，选定各因子及水平如表 7-1 所示。

表 7-1　正交试验因子水平

水平	因素				
	A—壳聚糖浓度	B—营养剂用量（g）	C—反应温度（℃）	D—反应 pH	E—10%戊二醛用量（mL）
1	0.5%	1	20	2	15
2	1.0%	2	30	3	30
3	2.0%	3	40	4	45
4	3.0%	4	50	5	60

（二）研究结果

1. 各因素对各指标的影响分析

（1）各因素对包封率的影响

有效成分包封率低，则溶液中游离有效成分的量大，损失大，达不到将药物制成制剂的目的，所以制备微胶囊时，要求药物的包封率尽可能高。如图 7-4 所示，壳聚糖浓度、反应温度及戊二醛用量对包封率的影响趋势相似，均呈先增大后减小的趋势；均存在一个峰值，壳聚糖浓度为 2.0%，反应温度 40℃，戊二醛用量为 30 mL 时，其对应包封率都最高。壁材（壳聚糖和海藻酸钠）浓度增加，体系黏度增加，可有效阻止微胶囊制备过程中芯材（橡胶树死皮康复营养剂有效成分）从未固化的微滴扩散进入连续相，从而使包封率增加；但壳聚糖浓度过高，芯材移动受限严重，不利于其均匀分散，也会造成包封率降低。在一定范围内，当反应体系温度升高，壁材黏度减小，流动性增强，有利于两种高分子壁材的相互接触，形成微胶囊结构，将芯材包裹；但温度过高，壳聚糖与海藻酸钠反应激烈，凝聚物之间的自聚现象严重，不利于其对芯材的包裹。交联剂

（戊二醛）用量过低，交联不完全，形成的微胶囊表面空隙较大，芯材包裹不严实，容易泄漏；用量过高，使制备的微胶囊壁材的弹性和韧性都下降，在高速搅拌过程中微胶囊容易破裂，最终导致包封率降低。

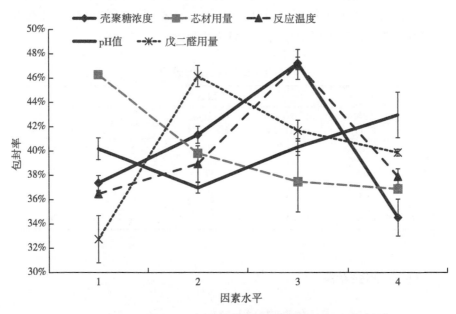

图 7-4　各因子对包封率的影响

在试验设定的水平内，包封率随反应体系 pH 值增大先略微降低，然后小幅上升，但整体波动不大。壳聚糖在低 pH 值范围内 $-NH_3^+$ 较多，而海藻酸盐链节中 $-COO^-$ 基团随 pH 值的升高而增多，壳聚糖和海藻酸钠在 pH 值相对较低或较高环境下更有利于其发生络合反应，形成微胶囊，从而提高包封率。图 7-4 显示，包封率随芯材用量增加呈单调递减的趋势。在壁材用量不变的情况下，其包封能力是有限的，根据包封率的定义，随着芯材用量的增加，其包封率减小是合理的。

（2）各因素对载药量的影响

载药量是衡量一种微胶囊制备是否成功的重要指标，它的大小直接关系着该药剂的制备成本及有效性。如图 7-5 所示，在设定的水平内，载药量随壳聚糖浓度及戊二醛用量增加先微弱增加，再呈单调递减趋势。壁材（壳聚糖及海藻酸钠）浓度较低时，其用量不够完全包封加入体系中的芯材（营养剂有效成分），壳聚糖浓度增加，宏观上体现为更多的芯材被包裹起来，因此载药量随着壳聚糖浓度的增加而增加；当壳聚糖浓度继续增加，壁材与芯材比例达到一个适当的比例时，载药量达到一个峰值；当壳聚糖用量继续增加时，形成的微胶囊膜增厚，导致载药量降低。同理，当交联剂（戊二醛）用量较小时，交联不完全，交联剂用量增加，宏观上体现为更多的芯材被包裹起来，因此载药量随着交联剂用量的增加而增加；随着其用量的增加，载药量相应增加，当达一个峰值后，随着交联剂用量的增加，微胶囊壁增厚，其载药量相应降低。

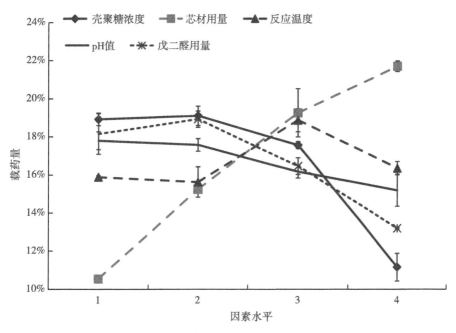

图7-5　各因子对载药量的影响

　　载药量随体系反应温度变化的趋势大体是先增加，达到一个峰值后，再呈递减趋势，其变化趋势和包封率随反应温度变化的趋势相似。在较低温度范围内，温度的升高有利于壳聚糖与海藻酸钠的络合，形成微胶囊膜，将芯材包裹，从而提高其载药量；当载药量达一定峰值后，温度继续升高，壳聚糖与海藻酸钠反应激烈，凝聚物之间的自聚现象严重，减少了其对芯材的包裹，同时由于局部反应激烈，在芯材表面形成的膜层也相对较厚，因此导致载药量降低。

载药量随 pH 值增加而呈单调递减。虽然壳聚糖的分子扩散性能主要是由分子量决定的，但分子电荷密度的影响不能忽略。根据 Lewis 酸碱平衡理论，当壳聚糖溶液 pH 值＜pKa 值时，其分子链上的氨基主要以—NH_3^+ 形式存在，随 pH 值的增高，—NH_3^+ 减少。当溶液的 pH 值接近壳聚糖的 pKa 值，为 6.3 时，壳聚糖分子的电荷密度显著降低，导致壳聚糖分子空间伸展最小而具有更高的分子扩散系数。海褐藻酸钠能与除镁、汞以外的二价金属离子发生快速的离子交换反应，生成褐藻酸盐凝胶（王秀娟等，2008）。由于营养剂有效成分中含有二价金属微量元素，因此反应体系中海藻酸盐是以凝胶形式存在。低电荷密度的壳聚糖能够更深入地进入海藻酸钙凝胶网络中，发生聚电解质络合程度更深，形成的微胶囊膜更厚，因此，造成微胶囊的载药量降低。载药量与营养剂的用量呈正相关，即营养剂用量越大，载药量越大，这一趋势与包封率正好相反。因此，在微胶囊制备过程中要同时兼顾包封率及载药量两个参数，选择合适的营养剂用量，减少有效成分的损失，同时考虑微胶囊最终的有效性。

2. 正交优化试验结果及分析

（1）正交试验极差分析

表7-2 为正交试验的结果，通过分析直观极差结果发现，5 个因素对微胶囊包封率影响从大到小依次为 E＞A＞C＞B＞D，即戊二醛用量＞壳聚糖浓度＞反应温度＞营养剂用量＞反应 pH 值，最优组合为 $A_3B_1C_3D_4E_2$；4 个因素对微胶囊载药量影响的主次因素关系为 B＞A＞E＞C＞D，最优组合为 $A_2B_4C_3D_1E_2$。综合考量包封率及载药量两指标对微胶囊制备成本及其有效性的权重。各因素对微胶囊的综合影响从大到小依次为 A＞E＞C＞D＞B，即壳聚糖浓度＞戊二醛用量＞反应温度＞反应 pH 值＞营养剂用量。

表 7-2　正交试验结果

实验号	因素					包封率	载药量	综合指标
	A	B	C	D	E			
1	1	1	1	1	1	32.60%	14.54%	25.38
2	1	2	2	2	2	38.78%	19.55%	31.09
3	1	3	3	3	3	43.53%	22.94%	35.29
4	1	4	4	4	4	34.52%	18.62%	28.16

（续表）

实验号	因素					包封率	载药量	综合指标
	A	B	C	D	E			
5	2	1	2	3	4	46.31%	7.90%	30.94
6	2	2	1	4	3	41.81%	15.15%	31.15
7	2	3	4	1	2	42.60%	24.69%	35.44
8	2	4	3	2	1	34.60%	28.66%	32.22
9	3	1	3	4	2	69.31%	14.35%	47.33
10	3	2	1	3	1	37.54%	16.74%	29.22
11	3	3	4	2	4	35.17%	12.74%	26.20
12	3	4	2	1	3	44.45%	22.40%	35.63
13	4	1	4	2	3	36.90%	5.35%	24.28
14	4	2	3	1	4	41.04%	9.52%	28.43
15	4	3	2	4	1	26.19%	12.65%	20.77
16	4	4	1	3	2	33.91%	17.09%	27.18

		A	B	C	D	E			
包封率	$k1$	37.36%	46.28%	36.47%	40.17%	32.73%			
	$k2$	41.33%	39.79%	38.93%	36.36%	46.15%			
	$k3$	46.62%	36.87%	47.12%	40.32%	41.67%			
	$k4$	34.51%	36.87%	37.30%	42.96%	39.26%			
	R	12.11%	9.41%	10.65%	6.60%	13.42%			
载药率	$k1$	18.91%	10.53%	15.88%	17.79%	18.15%			
	$k2$	19.10%	15.24%	15.63%	16.57%	18.92%			
	$k3$	16.56%	18.26%	18.87%	16.17%	16.46%			
	$k4$	11.15%	21.69%	15.35%	15.19%	12.19%			
	R	7.95%	11.16%	3.52%	2.60%	6.73%			
综合指标	$k1$	29.98	31.98	28.23	31.22	26.90			
	$k2$	32.44	29.97	29.61	28.45	35.26			
	$k3$	34.59	29.43	35.82	30.66	31.59			
	$k4$	25.17	30.80	28.52	31.85	28.43			
	R	9.42	2.55	7.59	3.40	8.36			

注：R 为各级指标极差；$k1$、$k2$、$k3$ 和 $k4$ 分别表示各因素水平下各指标的平均值。

（2）正交试验方差分析

通过方差分析中 F 值（表 7-3）可知，各因素对包封率的影响大小依次为 E＞A＞C＞B＞D，即戊二醛用量＞壳聚糖浓度＞反应温度＞营养剂用量＞反应 pH 值；各因素对载药量的影响大小依次为 B＞A＞E＞C＞D，营养剂用量＞壳聚糖浓度＞戊二醛用量＞反应温度＞反应 pH 值；各因素对微胶囊综合指标的影响大小依次为 A＞E＞C＞D＞B，即壳聚糖浓度＞戊二醛用量＞反应温度＞反应 pH 值＞营养剂用量。这一结果与极差分析的结果一致。

针对包埋率，各因素的 F 值均小于临界值 $F_{0.05}$（3，3）＝9.28，所以各因素对包封率的影响均不显著；针对载药量，因素 A、B 的 F 值大于临界值 $F_{0.05}$（3，3）＝9.28，其他因素该值小于临界值，所以壳聚糖浓度及营养剂用量对载药量的影响显著，其他因素对其影响不显著；壳聚糖浓度、反应温度、戊二醛用量对微胶囊制备的综合指标影响显著，营养剂用量及 pH 值对综合指标影响则不显著。

表 7-3 正交试验方差分析结果

项目	因素	偏差平方和	df	F	F 临界值	显著性
	A	1 089.69	3	5.02	9.28	
	B	667.75	3	3.08	9.28	
包封率	C	825.09	3	3.80	9.28	
	D	217.02	3	1.00	9.28	
	E	1 120.96	3	5.17	9.28	
	A	505.38	3	9.45	9.28	＊
	B	858.96	3	16.07	9.28	＊
载药量	C	79.11	3	1.48	9.28	
	D	53.45	3	1.00	9.28	
	E	232.04	3	4.34	9.28	
	A	669.17	3	22.71	9.28	＊
	B	29.47	3	1.00	9.28	
综合指标	C	426.36	3	14.47	9.28	＊
	D	46.13	3	1.57	9.28	
	E	459.82	3	15.60	9.28	＊

注：＊表示影响显著（$P < 0.05$）。

综上所述，橡胶树死皮康复营养剂微胶囊复凝聚法的最佳制备工艺为 $A_3B_1C_3D_4E_2$，即壳聚糖浓度为 2.0%、营养剂用量为 1 g，体系反应温度为 40℃，反应 pH 值为 5，10% 戊二醛用量为 30 mL。在此条件下制得的微胶囊相对圆整，粒度分布相对均匀（10～40 μm），其包封率达69.31%，载药量达 14.35%。图 7-6 为最优工艺条件下制备的橡胶树死皮康复营养剂微胶囊光学显微照片。

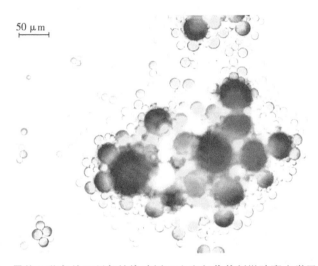

图 7-6　最佳工艺条件下制备的橡胶树死皮康复营养剂微胶囊光学显微照片

3. 微胶囊缓释性能评价

采用静水溶出率法对微胶囊的缓释性能进行初步评价（廖宗文等，2003；郑源源等，2019）。称取 1.0 g 的微胶囊，投入装有 20 mL 蒸馏水的烧杯中，在 25℃ 恒温中静置，分别在 1 天、7 天、28 天测定释放到溶液中的有效成分的含量。其计算公式：

累积有效成分释放率（%）＝第 n 天浸出的有效成分量/微胶囊中有效成分的总量×100

结果显示，在 24 h 内的累计释放率为 0.48%，7 天累计释放率为36.87%，28 天累计释放率为 72.34%。橡胶树死皮康复营养剂原有效成分都是水溶性，可见通过将其微胶囊化，具有很好的缓释性能，能够保证药剂施用后长期有效，从而提高药剂利用率。

（三）小　结

海藻酸钠/聚赖氨酸（APA）微胶囊是目前研究最多、最成熟的一种微胶囊，但由于聚赖氨酸价格昂贵，生物相容性差，限制了 APA 微胶囊的应用。壳聚糖与聚赖氨酸结构相似，但壳聚糖在生物相容性和资源上有明显优势，逐渐成为聚赖氨酸的理想替代材料（何荣军等，2010）。海藻酸钠/壳聚糖微胶囊作为药物的载药系统，具有缓释、控释等理想效果，应用前景较为广阔（史同瑞等，2018）。

本研究以海藻酸钠及壳聚糖为壁材，采用复凝聚法将橡胶树死皮康复营养剂制备成缓释微胶囊，拟结合树干木质部埋植技术对橡胶树死皮进行防治。根据前期的探索性实验及文献，确定海藻酸钠与壳聚糖浓度为1:1（Zhao et al.，1999），海藻酸钠与壳聚糖的质量比为 1:2 时，其复凝聚反应最佳（Motwani et al.，2008）。通过多指标综合评分结合正交实验方法确定其最优制备工艺：壳聚糖浓度为 2.0%，营养剂用量为 1 g，体系反应温度为 40℃，反应 pH 值为 5，10%戊二醛用量为 30 mL。在此条件下制得的微胶囊相对圆整，粒度分布均匀，包封率达 69.31%，载药量达 14.35%。

分析 pH 值对包封率的影响表明，在一定范围内包封率随反应体系pH 值先略微降低，然后小幅上升。于炜婷等（2006）研究表明，当壳聚糖溶液的 pH 值由 3.5 增加到 6.5，壳聚糖与海藻酸钠络合深度呈现高—低—高的趋势，与本研究结果相似。另外，整个反应体系 pH 值不宜过低，也不宜过高；pH 值过低壳聚糖容易降解（王津等，2008）；对于海藻酸钠，pH 值过高也会发生降解（陈宗淇等，1991）。于炜婷等（2006）采用壳聚糖/海藻酸钠复凝聚法制备微胶囊化大肠杆菌时，反应溶液的最佳 pH 值为 5.0；王岸娜等（2007）对壳聚糖/海藻酸钠复凝聚法制备微胶囊的研究表明最佳 pH 值为 5.5。可见 pH 值在 5 左右，比较有利海藻酸钠/壳聚糖体系发生复凝聚反应，形成微胶囊。

王津等（2008）以海藻酸钠和壳聚糖为基质材料制备布洛芬缓释微球，药物包封率64.6%。孟庆廷等（2010）用壳聚糖/海藻酸钠微胶囊技术制备一系列叶绿素亚铁微胶囊，包封率为 30.4%~79.1%，载药量为13.9%~35.5%。金言（2013）以壳聚糖和海藻酸钠为壁材，采用改良的复合法制备丁香酚微胶囊，微胶囊包封率为 89.18%。南艳微等

（2013）以海藻酸钠和壳聚糖溶液为囊材，对牛血清白蛋白（BSA）进行反复包裹，得到载药量为 16.47%~17.97%、包封率为 55.00%~65.78% 的微胶囊。余晓华等（2016）以壳聚糖/海藻酸钠为载体包覆尿素，制备的微球尿素含量为 10%~20%。贾利娜等（2016）采用乳化交联法制备负载 5-氟尿嘧啶的壳聚糖/海藻酸钠磁性载药微球，载药量为 6.69%，包封率为 22.00%。王召等（2017）采用复凝聚法制备阿维菌素 B_2 的海藻酸钠/壳聚糖包埋颗粒剂，其载药量为 22.38%，包封率为 95.26%。由此可见，不同芯材由于其物化性能的差异，其包封效果会有所差异。本研究制备的海藻酸钠/壳聚糖基橡胶树死皮康复营养剂微胶囊包封率、载药量分别为 69.31% 和 14.35%，包封效果与前人研究结果一致，因此，采用本方法制备橡胶树死皮康复微胶囊是比较可靠的。

　　另外，通过极差分析及方差分析显示，各因素对微胶囊综合指标的影响大小依次为壳聚糖浓度＞戊二醛用量＞反应温度＞反应 pH 值＞营养剂用量；其中壳聚糖浓度、反应温度、戊二醛用量影响显著。王岸娜等（2008）研究显示壁材（壳聚糖/海藻酸钠）浓度对微胶囊的包埋率和载药量影响最大。因此，控制壁材浓度是微胶囊制备的关键。

三、死皮康复营养剂缓释微胶囊的田间应用

（一）试验材料与方法

1. 试验布置

　　试验区位于海南省儋州市中国热带农业科学院试验场六队 6 号林段，品种为橡胶树热研 7-33-97（图 7-7），定植年份为 1992 年，试验时间为 2019 年 4—11 月。采用随机分组方式，选取 60 株死皮停割树，设 6 个处理，每个处理 10 个重复。①对照，不做任何处理；②常规，树干喷施"死皮康"液体制剂，每周喷施 1 次，共喷施 4 个月；③埋植 1，树干木质部埋植（前水线离地 10 cm 处，孔深 5 cm）；④埋植 2，树干木质部埋植（前水线离地 10 cm 处，孔深 10 cm）；⑤埋植 3，树干木质部埋植（前水线割线下方 10 cm 处，孔深 5 cm）；⑥埋植 4，树干木质部埋植（前水线割线下方 10 cm 处，孔深 10 cm）。

图 7-7　田间试验布置（中国热带农业科学院试验场六队 6 号林段）

2. 试验数据收集

试验处理前各参试病株先割 3 刀（次）后调查处理前基础病情；根据以往橡胶树死皮药效试验经验，施药后前 1.5 个月效果不明显，因此施药后从第二个月开始每月中下旬收集割线症状及胶乳产量数据；每次收集前先预割 2 刀（3 天一刀），然后收集第三刀数据。

（二）试验结果

1. 不同处理对死皮植株死皮长度的影响

死皮长度和死皮长度恢复率是橡胶树割面症状及其变化情况的直观反映。通过跟随胶工割胶，逐株观测，统计观测结果。数据显示（图 7-8 和图 7-9），对照和各处理植株死皮长度随处理时间的延长总体呈下降趋势，各处理的下降幅度不一。其中对照仅下降 1.95 cm，而其他各处理的下降值明显大于对照，最高达 10.06 cm。这说明死皮植株存在一定程度的自我恢复，但其恢复程度非常有限，而经过药剂处理，其效果明显。各施用方式的恢复率大小依次为埋植 2（32.33%）＞埋植 1（28.96%）＞埋植 4（27.09%）＞常规（23.88%）＞（22.47%）。整体来看，树干打洞埋植橡胶树死皮康复营养剂微胶囊效果要优于树干喷施"死皮康"液体药剂。其中埋植 2，即树干离地 10 cm 处，打洞 10 cm 深，埋植橡胶树死皮康复营养剂微胶囊效果最佳，恢复率达 32.33%，远远大于对照的6.48%。通过对不同树干埋植技术对比发现，树干离地 10 cm 打洞埋植效果要优于割线下方 10 cm 打洞埋植效果；同时，孔深 10 cm 要优于 5 cm。

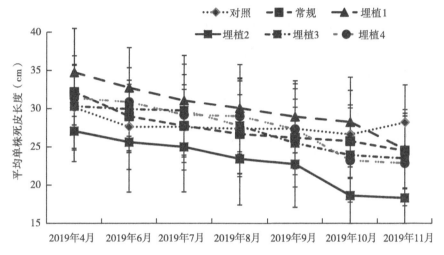

图 7-8　不同处理平均单株死皮长度动态变化情况

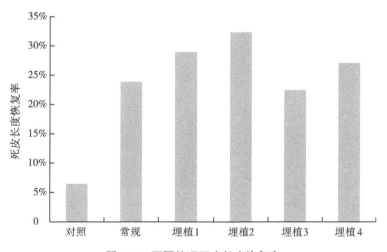

图 7-9　不同处理死皮长度恢复率

129

2. 不同处理对死皮植株死皮指数及防效的影响

死皮指数是衡量死皮严重程度的一个重要指标。从图 7-10 可知，试验前各处理的死皮指数都在 80 左右，均属重度死皮。对照组死皮指数前后变化不大，稳定在 75~80；而各施药组其死皮指数随处理时间的延长总体呈下降趋势。各施用方式的死皮指数下降值大小依次为埋植 1（17.50）= 埋植 2（17.50）＞常规（17.00）＞埋植 4（15.00）＞（13.50）。经进一步的计算，得到不同施药处理的防效，如图 7-11 所示。各施用方式的防效大小依次为埋植 1（18.30%）＞埋植 2（17.61%）＞常规（16.34%）＞埋植 4（14.44%）＞（12.85%）。该变化趋势与前文死皮长度及其恢复率基本一致。这说明施用橡胶树死皮康复营养剂对死皮植株割线症状改善明显，同时，通过对剂型及施用方式的改进，即将树干喷施液体制剂改为木质部埋植微胶囊，效果更佳。不同的埋植部位及深度对其效果有一定的影响。树干离地 10 cm 打洞埋植效果要优于割线下方 10 cm 打洞埋植效果，同时，孔深 10 cm 要优于 5 cm。

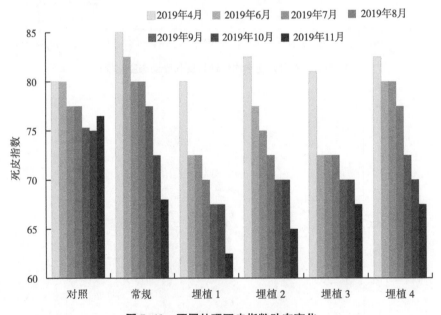

图 7-10 不同处理死皮指数动态变化

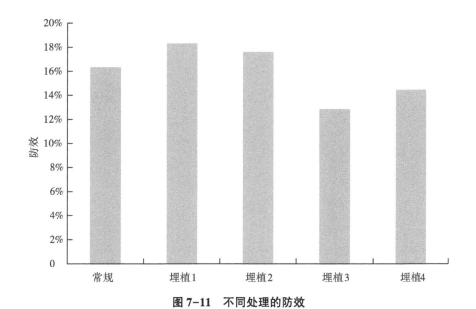

图 7-11　不同处理的防效

3. 不同处理对死皮植株胶乳产量的影响

由图 7-12 可知，试验前，各植株死皮较严重，平均单株胶乳产量仅为 7 g 左右，几乎可以忽略。随着处理时间的延长各处理胶乳产量逐步提升。对照胶乳产量有所增加，但前后对比不显著。各施药处理胶乳产量显著增加（埋植 3 相对试验前胶乳产量增加也明显，但不够显著，可能是单株产量差异较大导致）。埋植 2 单株平均胶乳产量达 64.25 mL。各施药处理相对对照增产率依次是埋植 2（86.88%）＞埋植 1（83.25%）＞常规（69.43%）＞埋植 4（50.17%）＞埋植 3（31.62）。埋植 2 及埋植 1 相对常规处理胶乳也有所增产，其增产率分别为 10.30% 及 8.15%；埋植 3 及埋植 4 相对常规处理略有减产（表 7-4）。

综上所述，施用橡胶树死皮康复营养剂对死皮植株增产显著，同时，通过改进其剂型及施用方式，即将树干喷施液体制剂改为木质部埋植微胶囊，效果更佳。不同的埋植部位及深度对其效果有一定的影响。树干离地 10 cm 打洞埋植效果要优于割线下方 10 cm 打洞埋植效果，同时，孔深 10 cm 要优于 5 cm。这一结论与上述割线症状的结论一致。

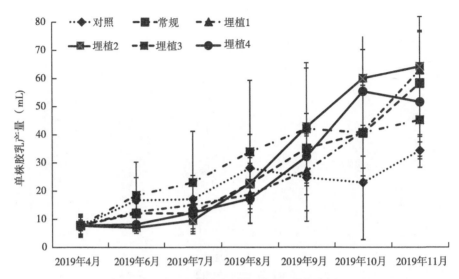

图7-12 不同处理平均单株胶乳产量动态变化

表7-4 不同处理不同月份平均单株胶乳产量

时间	各小区单株胶乳产量（mL）					
	对照	常规	埋植1	埋植2	埋植3	埋植4
2019年4月	7.50±3.94a	7.75±1.60b	7.88±1.95c	7.63±3.31b	7.88±3.98a	7.75±3.02b
2019年6月	16.75±8.09a	12.13±3.54b	12.63±5.47bc	7.00±2.01b	18.50±11.76a	8.13±0.91b
2019年7月	17.13±8.38a	12.25±3.74b	15.13±8.53bc	9.50±3.89b	23.00±18.24a	12.38±3.63b
2019年8月	28.10±11.95a	22.62±7.14ab	18.75±10.34bc	22.75±9.07ab	33.88±25.38a	17.25±4.82b
2019年9月	24.70±15.53a	35.13±12.35ab	27.13±14.15bc	42.75±20.93ab	42.13±23.43a	32.25±7.27ab
2019年10月	23.00±20.30a	40.63±15.28a	41.25±13.19ab	60.00±27.67a	40.75±16.77a	55.38±14.87a
2019年11月	34.38±3.01a	58.25±18.24a	63.00±30.70a	64.25±12.75a	45.25±16.83a	51.63±12.27a

注：同列各数据后不同小写字母表示在5%水平上Duncan's多重比较的显著性差异。

4. 不同处理对死皮植株胶乳生理参数的影响

橡胶树胶乳生理与橡胶树胶乳产量密切相关，可通过对胶乳生理参数的诊断来判断胶树代谢与健康状况，以指导采胶生产（肖再云等，2009）。本研究对试验后（11月）各处理胶乳的主要生理参数进行了测定，结果如表7-5所示。

表7-5　试验后各处理胶乳生理参数

处理	硫醇含量（mmol/L）	无机磷含量（mmol/L）	蔗糖含量（mmol/L）	黄色体破裂指数（%）	pH 值
对照	0.28±0.02b	8.48±0.31a	20.34±2.25a	29.34±0.64a	6.69±0.03a
常规	0.45±0.06a	12.28±1.24a	19.64±3.00a	29.15±3.56a	6.58±0.02a
埋植1	0.48±0.02a	12.41±2.40a	20.19±1.70a	31.24±1.80a	6.70±0.07a
埋植2	0.54±0.06a	11.24±1.39a	17.55±4.10a	28.79.±3.96a	6.56±0.03a
埋植3	0.41±0.06a	10.41±2.19a	21.24±2.49a	30.14±4.86a	6.84±0.03a
埋植4	0.46±0.06a	9.89±1.48a	21.44±3.59a	29..11±3.76a	6.56±0.03a

注：表中数值为均值±SE（$n=3$），同列数据后不同小写字母表示在5%水平上Duncan's多重比较的显著性差异。

从胶乳生理参数来看，施药后死皮植株的胶乳硫醇、无机磷含量有不同程度的改善。而施药对胶乳蔗糖含量、黄色体破裂指数及pH影响不大。各施药组胶乳硫醇显著大于对照组，常规组与树干埋植组之间差异不明显。胶乳硫醇是维持乳管细胞正常代谢的重要成分之一，它能清除乳管细胞代谢所产生的活性氧，从而降低对乳管的伤害，保持胶乳的稳定性；同时，它也是乳管内异戊二烯组成代谢中一些关键酶（如丙酮酸激酶、转化酶等）的活化剂，能影响胶乳再生（杨少琼和熊涓涓，1989）。硫醇含量在施用橡胶树死皮康复营养剂后显著提高，暗示了橡胶树在死皮恢复过程中乳管系统的清除活性氧功能和代谢活性增强，从而有助于胶乳的顺畅排出。无机磷含量是橡胶树能量代谢强度的指标。橡胶树合成腺苷以提供能量，合成NADPH以提供还原力，合成核酸以及焦磷酸水解等过程都会产生无机磷。试验中，各施药组胶乳无机磷含量相对对照组不显著，但都大于对照组，且相对来说比较明显。这说明施用橡胶树死皮康复营养剂能使死皮植株乳管系统的能量代谢活性增强，促进胶乳产量的增加。

（三）小　结

进一步的田间试验显示，橡胶树死皮康复微胶囊结合其配套木质部埋植技术对改善死皮植株割线症状明显，恢复率达32.33%；显著增加死皮植株胶乳产量，胶乳增产86.88%；与常规树干施用"死皮康"液体制剂比较能增产10.30%。割线症状改善及增产的情况，也可以通过胶乳生理参数来体现，该技术对胶乳生理参数也有一定的改善。这说明通过改变剂型及配套施用方式，死皮防治效果更佳。不同的埋植部位及深度对其施用效果有一定的影响。树干离地 10 cm 打洞埋植效果优于割线下方 10 cm 打洞埋植；同时，孔深 10 cm 效果优于 5 cm。

通过树干木质部埋植技术将缓释微胶囊药剂一次性埋入木质部，相对省工省时；因药物直接埋植在树干木质部，避免了树干周皮的阻隔及天气的干扰，药剂被树体直接吸收，药效快，且药剂利用率高；同时通过微胶囊技术使药剂缓慢释放，实现药剂释放与树体对药剂的需求同步，避免药剂直接施用造成局部药量过大伤树。本研究为研发轻简高效的橡胶树死皮康复综合技术提供了技术支持与新思路。

第八章 橡胶树割面施用 1-MCP 调控内源乙烯康复技术

一、1-MCP 调控内源乙烯康复技术简介

该技术采用小分子气体 1-甲基环丙烯（1-MCP）对橡胶树死皮植株内源乙烯生理作用进行调控，避免过量内源乙烯对树体的进一步伤害，再结合树体的自身恢复，从而起到死皮防治的效果。

施用方法：用刮刀清理割线中点下方 20 cm 处的粗皮，将内腔约 20 mL 大小的橡胶气囊安装在清理面，保证气囊和树干粘贴牢固，不漏气；定期通过橡胶气囊的开口施入 1-MCP 及去离子水，然后用胶塞封堵开口；1-MCP，用量为 0.1 g/（株·次）、去离子用量为 1.5 mL/（株·次）；施药频率为 10 天/次，共处理 4 个月（图 8-1）。

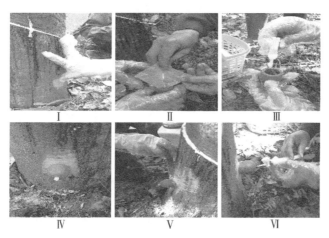

图 8-1 1-MCP 施用技术示意

二、1-MCP 在橡胶树死皮防控中的应用研究

多数研究者认为，橡胶树死皮是由强割和强乙烯刺激导致树体内源乙烯的累积，从而引起的一种复杂的生理综合征（校现周，2000；Putranto et al.，2015；袁坤等，2016）。1-MCP 是环丙烯类化合物，是一类乙烯竞争性抑制剂。它能强烈竞争植物体内的乙烯受体并通过金属原子与受体紧密结合从而阻碍受体与乙烯的正常结合，由于这种结合是紧密的，因此使受体保持钝化状态，以致与乙烯相关的生理生化反应受抑制，从而避免过量内源乙烯对植物造成伤害（张艺馨等，2016；孙志栋等，2017）。1-MCP 在果蔬保鲜领域得到广泛应用（张艺馨等，2016；孙志栋等，2017），但还未见其在橡胶树死皮防控方面应用的报道。基于 1-MCP 具有如上效果，同时 1-MCP 属于小分子气体，容易穿透树干表层进入树体，本研究将 1-MCP 应用到橡胶树死皮防控中，希望利用 1-MCP 对死皮树中过量的内源乙烯生理作用进行调控，避免其对树体造成进一步伤害，再结合树体的自身恢复，起到防治死皮的效果。

（一）材料与方法

1. 试验材料

试验区位于海南省儋州市中国热带农业科学院试验场六队 1 号林段，橡胶树品种为热研 7-33-97，定植年份为 1996 年，死皮植株为 2～4 级死皮。

试验药剂：1-甲基环丙烯（1-MCP）白色粉末，购于咸阳西秦生物科技有限公司，有效成分含量为 3.3%。

2. 试验方法

选取长势和树围基本一致的 2～4 级死皮植株，试验分空白对照、1-MCP 处理两个组别，每个处理 3 次重复，共 6 个小区，每个小区有 10 株橡胶树，共 60 株橡胶树，各小区随机分布。1-MCP 施用频率为 10 天/次，共处理 4 个月（2016 年 5—9 月）；对照植株不做任何处理。

（二）结果与分析

1. 1-MCP 处理对橡胶树死皮植株的防效

死皮长度恢复值及死皮长度恢复率是橡胶树割面症状及其变化情况的直观反映。通过跟随胶工割胶，逐株观测，统计观测结果见表 8-1。数据显示，试验前对照组和处理组植株死皮长度相当，无显著性差异；试验后处理组植株死皮长度减少 12.63 cm，而对照组植株死皮长度增加 6.26 cm；处理组和对照组的死皮长度恢复率分别为 54.44% 和 -27.73%。经 1-MCP 处理的植株死皮长度显著降低，同时也显著低于同时期的对照。

表 8-1　死皮长度变化情况

组别	株均割线长度（cm）	株均死皮长度（cm）		死皮长度恢复值（cm）	死皮长度恢复率
		试验前	试验后		
对照组	47.2±1.92a	22.57±3.77b	28.83±4.94b	-6.26	-27.73%
处理组	44.2±1.59a	23.20±4.10b	10.57±1.16c	12.63	54.44%

注：表中数值为均值±SE（$n=3$），各数据后不同小写字母表示在 5% 水平上 Duncan's 多重比较的显著性差异。

死皮指数是衡量死皮严重程度的一个重要指标。如图 8-2 所示，对照组植株死皮指数由试验前的 68.00 加重为试验后的 78.67；而经 1-MCP 处理的植株其死皮指数由试验前的 69.33 降低为 41.33，降低了 28.00，其试验前后的变化达显著性差异，同时也显著低于同时期的对照。通过进一步计算防效，得到其防效为 48.47%。可见，未经处理植株的割线症状进一步恶化，而施用 1-MCP 能显著改善橡胶树死皮植株割线症状。

2. 1-MCP 处理对橡胶树死皮植株胶乳产量的影响

由图 8-3 可知，试验前处理组和对照单株胶乳产量分别为 6.40 mL 和 10.33 mL；试验后处理组和对照组单株胶乳产量分别为 37.6 mL 和 4.87 mL。对照组植株减产 5.46 mL，而经 1-MCP 处理的植株单株增产 31.2 mL，处理组植株的胶乳产量显著增加，同时也显著高于同时期的对照组。这一结果与前文中各处理的死皮长度、死皮指数及防效的结果相一

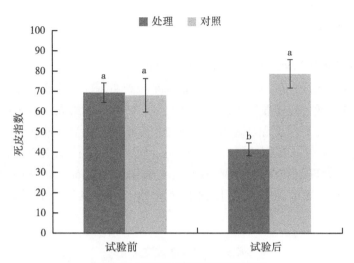

图 8-2　不同处理死皮指数的变化

注：图柱上方不同小写字母表示处理间差异显著（$P < 0.05$），下同。

致。由此可见，施用 1-MCP 显著改善橡胶树死皮植株割线症状，防效显著，同时能显著提高死皮植株胶乳产量。

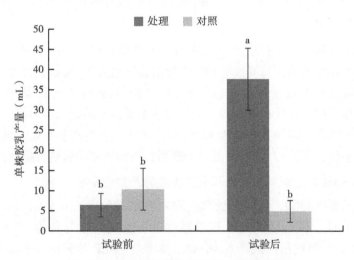

图 8-3　试验后各处理的平均单株胶乳产量

3. 1-MCP 处理对橡胶树死皮植株胶乳生理参数的影响

橡胶树胶乳生理与橡胶树胶乳产量密切相关，通过对胶乳生理参数的诊断来判断胶树代谢与健康状况，以指导采胶生产（肖再云和校现周，2009），试验结果如表 8-2 所示。相对试验前，试验后对照组和处理组植株胶乳硫醇含量都有所增加，但对照组仅增加 0.12 mmol/L，其前后差异不显著，而处理组硫醇含量由 0.24 mmol/L 增加到 0.43 mmol/L，增加显著；试验后对照组胶乳无机磷含量减少了 0.78 mmol/L，而处理组无机磷含量增加 2.63 mmol/L；对照组及处理组胶乳蔗糖含量都有所增加，但处理组增加幅度更大，其增加值为 4.46 mmol/L，大于对照组的 1.18 mmol/L；胶乳黄色体破裂指数，对照组和处理组都增加，但对照组增加幅度更大，其增加值为 11.23，而处理组仅增加 6.88；胶乳 pH 值的变化趋势与无机磷含量相似，即试验后对照组 pH 值降低，而处理组 pH 值增加。综上所述，橡胶树死皮植株经 1-MCP 处理，有利于提高死皮植株胶乳硫醇、无机磷及蔗糖含量，同时，对提高胶乳 pH 值、抑制黄色体破裂指数增加也相对有利。通过施用 1-MCP 能改善死皮植株的胶乳生理，增强死皮植株的产排胶潜能。

表 8-2　试验前后各处理胶乳生理参数变化情况

组别	时间	硫醇含量 （mmol/L）	无机磷含量 （mmol/L）	蔗糖含量 （mmol/L）	黄色体破裂 指数	pH 值
对照组	试验前	0.25±0.02bc	9.29±0.75a	16.88±1.25abc	18.34%±0.77%b	6.66±0.03a
	试验后	0.37±0.06ab	8.51±2.31a	18.06±4.00ab	29.57%±3.13%ab	6.58±0.06a
处理组	试验前	0.24±0.02bc	7.39±1.27a	16.09±1.90abc	26.81%±1.70%ab	6.54±0.06a
	试验后	0.43±0.06a	10.02±1.19a	20.55±2.59a	33.69%±4.96%a	6.66±0.03a

注：表中数值为均值±SE（$n=3$），同列数据后不同小写字母表示在 5%水平上 Duncan's 多重比较的显著性差异。

（三）小　结

将 1-MCP 应用到橡胶树死皮的防控中，研究结果显示，施用 1-MCP，死皮长度恢复率为 54.44%，防效达 48.47%，显著增加了死皮植株胶乳产量。

从胶乳生理参数来看，施用 1-MCP 后死皮植株的各胶乳生理参数得到不同程度的改善。胶乳硫醇是维持乳管细胞正常代谢的重要成分之一，它能清除乳管细胞代谢所产生的活性氧，从而降低对乳管的伤害，保持胶乳的稳定性；同时，它也是乳管内异戊二烯组成代谢中一些关键酶（如丙酮酸激酶、转化酶等）的活化剂，能影响胶乳再生。试验中硫醇含量在施用 1-MCP 后显著提高，暗示了橡胶树在死皮恢复过程中乳管系统的清除活性氧功能和代谢活性增强，从而有助于胶乳的顺畅排出。无机磷含量是橡胶树能量代谢强度的指标。橡胶树合成腺苷以提供能量，合成 NADPH 以提供还原力，合成核酸以及焦磷酸水解等过程都会产生无机磷。试验中，经 1-MCP 处理的植株胶乳无机磷含量增加，而对照减少，这一变化趋势与胶乳产量一致。胶乳中无机磷含量与产量呈极显著正相关（肖再云等，2009）；黄德宝等（2010）的研究也发现，不同品系的胶乳产量与无机磷含量呈正相关。说明施用 1-MCP 后死皮植株乳管系统的能量代谢活性增强，促进胶乳产量的增加。蔗糖是光合作用的主要产物，是合成聚异戊二烯分子的前体，因此与橡胶产量密切相关。高蔗糖含量说明橡胶树糖供应活跃或糖利用不足，反应橡胶树有增加产量的潜力（肖再云等，2009）。本研究表明，施用 1-MCP 的植株胶乳蔗糖含量增加值高于未施用 1-MCP 的植株，同时胶乳产量显著增加，意味着施用 1-MCP 使得死皮植株糖供应更活跃，从而提高胶乳产量。黄色体破裂指数反映了胶乳中黄色体的稳定性、完整性，与乳管堵塞、胶乳停排及橡胶树死皮密切相关（程成等，2012；杨少琼等，1989）。研究结果显示，处理组和对照组死皮植株胶乳黄色体破裂指数都有所增加，但处理组死皮植株胶乳黄色体破裂指数增加值相对较小，这表明经 1-MCP 处理，有助于抑制黄色体破裂，增加其稳定性。其原因可能是经 1-MCP 处理后，死皮植株胶乳硫醇显著增加，它能清除乳管细胞代谢所产生的活性氧，减少其对黄色体膜的降解，有利黄色体的完整性（魏芳等，2012；校现周，1996）。胶乳 pH 值是乳管细胞糖酵解多种关键酶（如转化酶、PEPCase、GAPDH、丙酮酸脱羧酶）的调控因子，胶乳 pH 值轻微上升，能明显激活糖酵解途径（王岳坤等，2014）。pH 值与产量呈正相关（王岳坤等，2014；郭秀丽等，2016；何晶等，2018）。本研究表明，pH 值变化趋势和胶乳产量一致，即经 1-MCP 处理的死皮植株胶乳产量显著增加，pH 值也相应上升；未经

1-MCP处理的死皮植株胶乳产量减少，pH 值也相应降低。

综上所述，施用 1-MCP 有助于死皮植株胶乳各生理参数的改善，增强其产排胶潜能，最终改善割线症状、增加胶乳产量。本研究取得了预期的效果，对进一步揭示橡胶树死皮发生机理及橡胶树死皮防治具有一定的现实意义，为进一步开发新型高效的橡胶树死皮防治药剂提供了新思路，同时，对拓展 1-MCP 的用途提供了新方向。

第九章 橡胶树死皮康复综合技术示范与推广应用

一、国内示范应用推广情况

（一）进行推广性示范，建立了推广网络

在云南省西双版纳傣族自治州（以下简称西双版纳）景洪市、勐腊县，以及临沧市耿马傣族佤族自治县孟定镇进行推广性示范，建立示范推广网络。其中，在勐腊县建立了49个示范点，在景洪市建立了10个示范点，在孟定镇建立了8个示范点。在西双版纳（勐腊、景洪）民营胶园示范点，采用橡胶树死皮康复综合技术进行恢复处理后，胶园死皮指数均有不同程度的下降（图9-1），说明死皮康复综合技术对死皮植株具有良好的恢复效

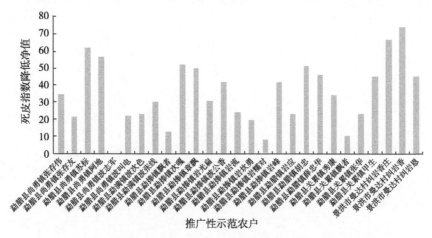

图9-1 西双版纳（勐腊、景洪）部分民营示范点采用死皮康复
综合技术处理后死皮指数降低净值

果。试验点复割植株观测工作现场情况见图9-2。通过推广性示范，逐步了解橡胶树死皮康复综合技术应用效果及其针对不同地区、不同品种甚至植株个体的适应性、恢复植株复割效果与可持续性，为推广应用奠定了基础。

图9-2　试验点复割植株观测

（二）建立了样板型推广点，形成样板型推广点技术标准，规范恢复植株复割技术

针对不同植胶区植胶企业与民营胶园生产与发展特点进行应用与推广，建立样板型推广点，通过技术与效果示范促进产品与技术的推广。同时，在样板型推广点的建立过程中，从选树、施用方法到恢复后复割等进行全程技术指导，指导推广点胶农形成了一套适宜于当地的技术操作标准，作为技术与效果的样板，起到示范与宣传的作用，辐射周边，并从整体上提高区域内橡胶树死皮康复综合技术的防治效果。

在景洪市、勐腊县与孟定镇示范推广网络的基础上建立近100个样板型推广点。在海南，除海南天然橡胶产业集团股份有限公司广坝分公司、山荣分公司与新中分公司等已有的示范点外，与植胶大户合作建成500~1 000亩民营胶园样板型推广点。在广东，与广东农垦三叶农场建立了500亩样板型推广点。不同试验点复割植株割面情况见图9-3。试验点死皮植株处理前后割线症状的比较见图9-4。这些样板型推广点的建立，是科学地推广和应用橡胶树死皮康复综合技术的基础。一方面，有助于规范市场、保护胶农利益；另一方面，可以充分挖掘胶园潜力，促进胶农增产增收。建立样板型推广点最终的目的是通过科学引导，帮助胶农树立"以防为主，以治为辅"的观念，实现橡胶树死皮的绿色防控。

图 9-3　不同试验点复割植株割面情况

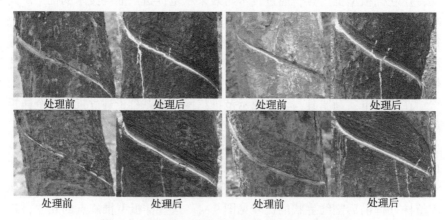

图 9-4　试验点死皮植株处理前后割线症状比较

（三）死皮康复综合技术的推广应用

从 2016 年起，在海南天然橡胶产业集团股份有限公司广坝分公司、山荣分公司、新中分公司及阳江分公司等单位推广橡胶树死皮康复综合技术约 24 万亩，在景洪市与勐腊县民营胶园分别推广应用约 8 万亩和 20 万亩，"死皮康"系列产品的研发、生产、示范、推广应用相对成熟。

二、国外示范应用推广情况

（一）死皮康复综合技术在老挝的试验与示范

为响应国家"一带一路"倡议和"走出去"战略号召，扎实推进与老挝在天然橡胶方面的科技交流与合作，帮助当地胶农解决目前在天然橡胶生产中面临的割胶技术差以及死皮发生严重的问题，本研究团队将研发的橡胶树死皮防治安全割胶技术、死皮康复综合技术（"死皮康"系列产品及其配套施用技术）在老挝橡胶园进行试验与示范，从而达到增强胶农割胶技术、降低老挝胶园橡胶树死皮率、提高胶园产量和胶农收入的目的。具体工作内容主要包括以下 3 个方面。

一是技术培训。在老挝琅南塔省、琅勃拉邦省等，面向技术相对薄弱的胶园和广大个体植胶户，开展多种形式的橡胶树死皮防治安全割胶技术及死皮康复综合技术培训，通过现场观看视频、现场技术讲解及实地操作示范，提高胶农"以防为主、治疗为辅"的意识，增强胶工安全割胶及管理技术，降低橡胶树死皮的发生，提高橡胶树死皮恢复率。

二是死皮防治安全割胶技术试验与示范。让胶工严格按照安全割胶技术规程进行割胶，观测胶园产量变化及死皮发生情况，建立了 1 个死皮防治安全割胶技术示范胶园。

三是死皮康复综合技术试验与示范。对胶园死皮情况进行调查，记录死皮植株割面症状（死皮长度、排胶情况），采用橡胶树死皮康复综合技术处理死皮植株 3~6 个月，定期观测死皮植株的恢复情况，记录割面症状的变化。对死皮恢复数据进行整理和分析，综合评价死皮康复综合技术试验示范效果，建立了 1 个死皮康复综合技术示范胶园。

2019—2021 年，在老挝乌多姆赛省农林厅及老挝乌多姆赛省益农农业进出口发展有限公司（以下简称益农公司）的大力支持和协助下，在乌多姆赛省、琅南塔省和琅勃拉邦省开展了死皮防治安全割胶技术及死皮康复综合技术培训，通过现场讲解及实地操作示范，提升了胶农的割胶技术水平，得到了胶农的认可。同时在乌多姆赛省孟赛市环城路建立安全割胶及死皮康复综合技术示范胶园 1 个，示范面积 60 亩，示范效果良好，具体工作成效如下。

1. 死皮防治安全割胶技术及死皮康复综合技术培训

老挝于 19 世纪 30 年代开始种植橡胶树，目前橡胶种植业的发展非常迅速，在老挝北部、中部、南部均分布着胶园。总体来看，老挝胶园的管理水平落后，割胶技术较差，树体损伤较多，死皮发生严重。因此，亟须注入先进割胶技术以及死皮防治新技术以促进橡胶种植业的发展。

2019 年，通过与老挝乌多姆赛省农林厅、益农公司代表进行座谈、交流，确定在老挝益农公司试验基地开展橡胶树死皮防治安全割胶技术、死皮康复综合技术培训会。参与技术培训的人员包括老挝乌多姆赛农林厅等各级政府部门官员、农林厅试验基地工人、益农公司工作人员及周边农户，共计 171 人，培训会由农林厅副厅长及中方代表共同主持。中方技术人员向参与培训的人员详细介绍了两方面的内容：一是死皮康复综合技术的内容，包括"死皮康"系列产品的具体配制与施用方法，死皮恢复后割胶注意事项，以及该项技术目前的示范推广情况和已取得的相关科研成果；二是死皮防治安全割胶技术内容，包括割胶技术的基本要求和要领、中低线、高线和阴线的割胶操作，以及磨刀技术等。培训会结束后，技术人员还在室外对参与培训人员进一步开展实践操作示范与指导，让胶农掌握割胶技术要领和"死皮康"系列产品的使用方法，并将制作的老挝文《橡胶树死皮防控技术手册》发放给老挝乌多姆赛省当地农民及农林厅。对割胶技术及死皮康产品使用方面存在的问题进行纠错和指导，同时与参加培训人员进行深入交流，耐心解答他们提出的相关问题。

2020—2021 年，分别在老挝琅南塔省和琅勃拉邦省对胶农开展了橡胶树安全割胶及死皮康复综合技术培训，培训胶农共计 300 余人。琅南塔省培训地点主要包括 5 个村：南园村、哈腰村、那内村、巴山村和后边村；琅勃拉邦省主要包括南坝县 5 个村：南通村、化纳村、鹏马尼村、鹏沙万村和巴孟力村。通过两年的橡胶树死皮防治安全割胶及死皮康复综合技术培训，当地胶工的割胶技术水平显著提升，伤树情况明显减少。橡胶树死皮康复技术线上培训现场情况见图9-5。

图9-5　开展橡胶树死皮康复技术线上培训

2. 示范胶园建设

（1）示范胶园试验布置（图9-6）

图9-6　老挝示范胶园试验布置

147

示范胶园位于乌多姆赛省孟赛市附近,海拔 625 m。该林地土壤类型为砖红壤,橡胶树品种为 GT1,株行距为 5 m×7.5 m。橡胶树 2008 年定植,2016 年开割,割龄 3 年,割制为 s/2 d/2,不刺激、不施肥。林地面积约 60 亩,总株数 1 800 株,2020 年已全部开割,年产干胶约 5 t。在示范胶园,对周边农户及示范胶园胶工进行了安全割胶技术和"死皮康"系列产品使用演示,并重点指导示范胶园胶工,通过进一步的沟通和指导,示范胶园胶工能熟练掌握这些技术,具备开展安全割胶和死皮防治的能力。培训结束后,给示范胶园胶工发放试验所用的相关物资,包括胶刀、胶灯、磨刀石、防雨帽、喷壶、刷子及死皮康复营养剂等。

(2)示范胶园试验进展情况调查(图 9-7)

经过前期系统的死皮防治和安全割胶技术培训后,胶工割胶技术水平得到明显提升,示范胶园割胶伤树情况明显减少,树体基本上没有出现大的伤口,下收刀整齐,割胶深度适宜,整体割面恢复良好。同时,在试验胶园橡胶树加装防雨帽后,割胶刀次明显增加,产量总体上有较大的提升,由原来的年平均单株产量约 2.4 kg 增加到 2.7 kg,示范胶园年增产达 450 kg,按 10 元/kg 产值计算,年增加产值约 4 500 元。

图 9-7 老挝示范胶园调查

调查发现,示范胶园有轻度死皮(3 级以下)植株共计 34 株,重度死皮(3 级以上)植株共计 17 株。轻度死皮植株经"死皮康"系列产品处理（轻度防治）3~4 次，即约 1 个月后，所有植株全部恢复正常排胶，死皮恢复率为 100%。重度死皮植株经死皮康复组合制剂处理 7~8 次，即约 2 个月后，有 10 株恢复排胶，死皮恢复率达 58.8%。

（二）死皮康复综合技术在柬埔寨的试验与示范

2019 年与柬埔寨橡胶研究所开展合作，建立橡胶树死皮康复综合技术试验与示范基地。基地位于柬埔寨磅湛省，地处湄公河中段，地势平坦，气候干热，旱季和雨季相对集中，旱季较长。示范品种为 GT1（2003年定植）、IRCA18（2002 年定植，早熟、易死皮）与 PB260（2001 年或2004 年定植，高度易感死皮）。示范结果显示死皮恢复率达 40% 以上。示范情况见图 9-8 和图 9-9。

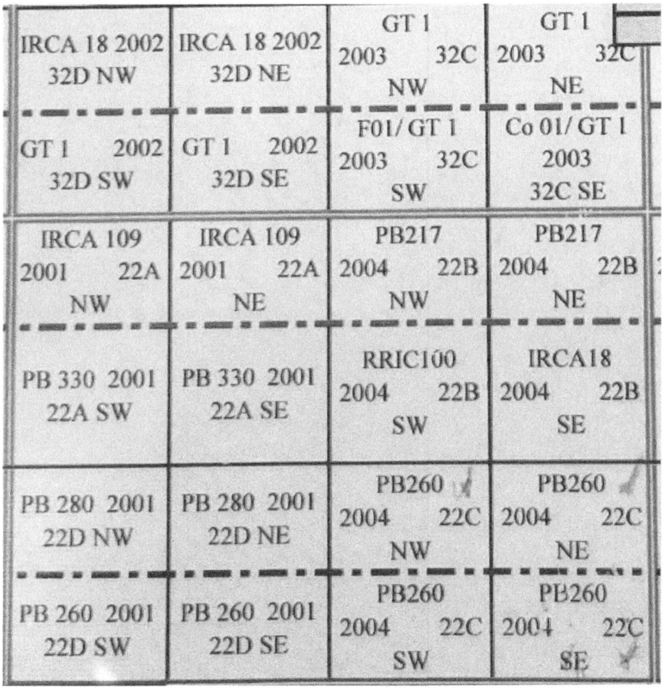

IRCA 18 2002 32D NW	IRCA 18 2002 32D NE	GT 1 2003 32C NW	GT 1 2003 32C NE
GT 1 2002 32D SW	GT 1 2002 32D SE	F01/ GT 1 2003 32C SW	Co 01/ GT 1 2003 32C SE
IRCA 109 2001 22A NW	IRCA 109 2001 22A NE	PB217 2004 22B NW	PB217 2004 22B NE
PB 330 2001 22A SW	PB 330 2001 22A SE	RRIC100 2004 22B SW	IRCA18 2004 22B SE
PB 280 2001 22D NW	PB 280 2001 22D NE	PB260 2004 22C NW	PB260 2004 22C NE
PB 260 2001 22D SW	PB 260 2001 22D SE	PB260 2004 22C SW	PB260 2004 22C SE

图 9-8　柬埔寨橡胶研究所试验站磅湛省
橡胶树死皮康复试验基地植株布置

图 9-9　柬埔寨开展橡胶树死皮康复综合防控技术试验示范

第十章 橡胶树死皮康复综合技术应用展望

一、应用经济效益、社会效益和生态效益

（一）经济效益

短期效益：示范点展现出良好的示范作用，带动全国热区橡胶树死皮防控技术水平，降低胶园死皮发生。

中长期效益：目前我国橡胶树种植面积约为 1 718 万亩，开割面积约1 050 万亩。按种植密度 32 株/亩、24% 的死皮率计算，全国共有 8 064 万株死皮树。按 3 kg/株产量计算，损失橡胶产量约 24 万 t，折合损失人民币约 26.4 亿元（按 1.1 万元/t 计）。按目前橡胶树康复综合技术平均40% 的恢复率，每年能为我国挽回近 10.56 亿元的损失。据估计，目前世界各植胶国约有 20%~50% 的橡胶树存在死皮现象，每年因此损失率达15%~20%，即 131 万~174 万 t 的天然橡胶产量，使用该技术每年能为世界贡献 52 万~69 万 t 的天然橡胶产量。目前干胶价格为 1.1 万元/t 处于历史低谷，未来橡胶价格还有很大的上升空间，该技术的经济效益可期。

（二）社会效益

1. 增加胶农收入，稳定植胶区就业，助力乡村振兴，巩固边疆地区少数民族团结

橡胶树死皮康复综合技术成果的应用将降低橡胶树死皮对天然橡胶产量提升的影响，增加天然橡胶总产量，在一定程度上提高了国内天然橡胶自给水平，同时增加企业与胶农收入，提高国内天然橡胶生产企业经济效益与产品国际竞争力。我国天然橡胶主要种植在海南、云南南部与西南

部、广东西部等边疆及少数民族地区，胶农收入相对较低。通过此技术的应用，可提高单位面积橡胶产量 9.6%（以死皮率 24%、恢复率 40% 计算），有助于增加胶农收入，稳定胶农就业，促进边疆地区稳定、民族团结、助力乡村振兴。

2. 稳定国家天然橡胶种植面积，保障国家天然橡胶的稳定供给

2017 年中央一号文件提出天然橡胶生产保护区划定，《国务院关于建立粮食生产功能区和重要农产品生产保护区的指导意见》（国发〔2017〕24 号）划定我国天然橡胶生产保护区 1 800 万亩，海南省划定保护面积为 840 万亩。因此，在稳定各植胶区植胶面积的前提下，如何提高天然橡胶单位面积产值显得尤为重要。采取有效措施防控橡胶树死皮，可以充分挖掘胶园生产潜力，明显增加企业和胶农的收益，减少对胶园的砍伐，进而保障国家划定的 1 800 万亩种植面积，保障天然橡胶稳定供给。

3. 提升我国在天然橡胶栽培技术领域的国际地位，为实施"一带一路"倡议和"走出去"战略提供技术保障

橡胶树死皮是一种百年顽症，在各植胶国均普遍发生。"一带一路"沿线东盟国家如越南、老挝、缅甸、泰国、马来西亚与印度尼西亚等是全球天然橡胶的主要产地，海南省作为沿线战略支点，经贸及技术合作潜力巨大，同时，云南省作为面向东南亚地区的桥头堡，具有很好的区位优势。橡胶树死皮康复综合技术可提升我国天然橡胶生产竞争力，提高该领域国际地位，为我国实施"走出去"的一些境外企业提供技术服务。

（三）生态效益

橡胶树既是多年生作物又是人工林，可改善大气环境质量、固定二氧化碳释放氧气、减少水土流失、降低地表径流、增加土壤水分含量，具有较强的综合生态服务功能。根据国内外生态学专家学者的总结，20 世纪 50 年代开始种植橡胶树，是海南岛一次成功的产业结构调整，既能替代落后的耕作方式，又能保持良好的生态环境。当前海南岛仍然是世界同纬度生态环境质量最好的地区。

橡胶树种植周期长，抚管期一般为 8 年，经济寿命可达 30 年以上。有些植株在开割几年就发生死皮。死皮植株自身不产胶，其生长又往往比周围其他植株要高大，与正常割胶植株竞争水肥和阳光，导致周围植株的减产。如果对死皮植株进行砍伐，将对生态环境造成破坏，同时形成"天窗"，导致该处土地长期闲置。另外，死皮率过高，大大降低了胶园的产胶量及经济价值，胶园不得不更新种植。通过橡胶树死皮康复综合技术对死皮植株进行康复，让其持续产胶，避免砍伐橡胶树造成环境破坏。减少死皮的发生或者让死皮植株恢复产胶能力，可以有效延长胶园经济寿命，减缓胶园更新速率，保持相对稳定的胶园碳汇，避免因频繁更新带来的水土流失，生态意义重大。

二、技术局限性

（一）橡胶树死皮康复综合技术基于生理性死皮而研发，对占比极小的病理性死皮成效不明显

我国橡胶树死皮类型主要是强割强刺激造成的生理性死皮，该类型死皮严重制约天然橡胶单产效益，对其进行有效防治是当前天然橡胶生产的重点工作之一。橡胶树死皮康复综合技术主要针对生理性死皮而研发。现实生产中存在极小比例的病理性死皮，其对天然橡胶生产的影响有限，橡胶树死皮康复综合技术对该类型死皮的康复效果不明显。因此，如果明确死皮植株是病理性死皮，建议采用其他方式进行防治。

（二）不同植胶区单株产量差异大，影响橡胶树死皮康复综合技术在某些地区的应用推广

我国三大植胶区（海南、云南、广东）的植胶环境存在很大差异，不同地域胶园单株产量差异很大。目前各植胶区平均单株产量：海南约4 kg/株、云南约6 kg/株、广东2~3 kg/株。按目前胶园死皮率24%、橡胶树死皮康复综合技术平均恢复率40%、技术与人工成本10元/株、干胶价格1.1万元/t计算，使用该技术不同植胶区的增收效益分别为：广东8.4元/亩、海南64元/亩、云南137.76元/亩。从经济效益的角度来看，该技术在海南及云南收益相对明显，但在广东收益不明显，因此，该技术在广东植胶区推广应用受到限制。目前天然橡胶价格持续低迷，影响胶农

的割胶积极性，对橡胶树死皮康复综合技术的应用与推广也有影响。因此，有必要进一步优化技术成本，在保证质量的基础上降低技术使用成本，为胶农提供更廉价高效的产品及技术。

（三）橡胶树死皮康复综合技术对于目前种植面积不大的典型早熟品种防效不明显，因此对其死皮防治提出采取早期防治的策略

经过多个示范点 8 个橡胶树品种长期试验与示范，结果显示橡胶树死皮康复综合技术的应用效果与品种的育种发育特性有关。从最初示范结果看，该技术对典型早熟品种大丰 95 与热研 8-79 停割植株死皮防效不明显，对照植株的自然恢复能力也极低；而该技术对其余参与示范的晚熟橡胶树品种或非典型早熟高产品种重度死皮植株防效明显。之后，对上述 2 个典型早熟品种死皮防治采取了早期防治的策略，即在死皮发生的早期介入进行防治，示范结果证实其防治效果较好。此外，热研 8-79 与大丰 95 等典型早熟高产品种的推广面积不大，其中，大丰 95 多在海南天然橡胶产业集团股份有限公司阳江分公司大丰片区周围集中种植，而热研 8-79 由于其早熟高产及抗性特点更适宜在云南植胶区种植，近年种植面积在逐步扩大。因此，橡胶树品种育种发育特性近年不会成为橡胶树死皮康复综合技术应用的重要限制因素，而目前针对早熟高产品种死皮发生特点，调整防治策略，应用橡胶树死皮康复综合技术也可提高防效，但为应对早熟高产品种种植与生产发展特点，今后仍须结合其发生机制，提出更具针对性的防治技术。

三、总 结

橡胶树死皮是一种复杂的生理综合征，素有"橡胶树癌症"之称。其发生率高，危害严重，防治困难，一直是世界性的难题。自 100 多年前发现橡胶树死皮以来，人们不断研究和探索死皮的起因、发生机理及防治方法。但迄今为止，对橡胶树死皮发生机制仍不十分清楚，更缺乏高效的预防和治疗方法。多年来，研究者先后发明了多种橡胶树死皮防治的药剂和技术，但真正在生产中推广应用的极少。本团队经过多年探索及不断完善优化，研发了"死皮康"系列产品，建立了橡胶树死皮康复综合技术，并在我国三大主要植胶区及东南亚地区推广应用。该技术对轻度死皮的恢复率达70%以上，但对重度死皮的恢复率仅40%~50%。本团队虽然在橡胶树死皮康复技术方面已经取得了一定成绩，但仍未彻底解决橡胶树死皮对天然橡胶产业制约的问题，不能完全满足植胶企业或胶农的需求，后续仍须不断优化技术，研发更高效、轻便、绿色的橡胶树死皮康复技术。

　　同时，再次提醒广大胶农和农场管理者，对于橡胶树死皮的治疗应尽早，以达到更好的恢复效果。此外，生产中普遍存在"重治疗、轻预防"的观念，即在出现严重死皮时，才开始想方设法治疗，却忽视了"预防为主，防治结合"的防治原则。希望广大胶农和农场管理者今后更注重橡胶树死皮的预防工作，加强胶园肥水等树体养护管理，采用合理的割胶制度，避免通过强割强刺激等方式片面追求短期产量的提升，从而导致死皮发生。除此之外，还应辅以施用专门的橡胶树死皮预防药剂，以进一步减少死皮的发生。

参考文献

敖硕昌，和丽岗，肖桂秀，等，1998. 橡胶树高产抗寒材料云研77-2、云研77-4的选育 [J]. 云南热作科技 (2): 4-9.

曹丽云，1997. 微胶囊技术综述 [C] //中国造纸学会第八届学术年会论文集（上）. 中国造纸学会.

陈慕容，黄庆春，叶沙冰，等，1992. "保01"防治橡胶树褐皮病及其作用机理的研究 [J]. 热带作物研究 (1): 30-37.

陈慕容，郑冠标，1998. 橡胶树褐皮病防治药剂：中国，97121908.7 [P]. 1998-05-20.

陈守才，邓治，陈春柳，等，2010. 一种防治橡胶树死皮病的复合制剂及其制备方法：中国，200810183285.1 [P]. 2010-06-23.

陈玉才，王国烘，何向东，等，1988. 螯合稀土钼（CRM）对橡胶产量效应及应用技术的研究 [J]. 热带作物研究 (3): 1-6.

陈玉才，王国烘，何向东，等，1990. 几种液体微肥和植物生长调节剂在橡胶树上使用效果的初步研究 [J]. 热带作物研究 (2): 5-7.

陈宗淇，王宁华，韩恩山，等，1991. 钙离子和pH值对海藻酸钠溶液流变性能影响 [J]. 化学学报，49 (5): 462-467.

程成，史敏晶，田维敏，2012. 巴西橡胶树胶乳中黄色体破裂指数测定方法的优化 [J]. 热带作物学报，33 (7): 1197-1203.

崔文娟，牛育华，赵冬冬，等，2016. 腐植酸肥料的研究现状及展望 [J]. 磷肥与复肥，31 (9): 20-23.

范思伟，杨少琼，1995. 强割和排胶过度引起的死皮是一种特殊的局部衰老病害 [J]. 热带作物学报，16 (2): 15-22.

范远，戈甜，梁鹏翔，等，2016. 镁渣包膜肥的制备及其缓释性能 [J]. 环境工程学报，10 (12): 7209-7216.

冯永堂，2010. 一种用于治疗橡胶树死皮病的组合物：中国，

201010232889.8 ［P］. 2010-11-24.

绀户朝治，1989. 微胶囊化工艺学 ［M］. 阎世翔，译. 北京：中国轻工业出版社.

广东省海南农垦局生产处，1984. 用开沟隔离法控制胶树褐皮病扩展试验总结 ［J］. 热带作物研究（2）：1-3.

广东省农垦总局，海南省农垦总局，1994. 橡胶树良种选育与推广 ［M］. 广州：广东科学技术出版社.

郭秀丽，孙亮，胡义钰，等，2016. 巴西橡胶树不同死皮程度植株的胶乳生理参数分析 ［J］. 南方农业学报，47（9）：1553-1557.

郝秉中，吴继林，2007. 橡胶树死皮研究进展：树干韧皮部坏死病 ［J］. 热带农业科学，27（2）：47-51.

何晶，冯成天，郭秀丽，等，2018. 高浓度乙烯利刺激诱导橡胶树死皮发生过程中的胶乳生理研究 ［J］. 西北林学院学报，33（2）：123-128.

何荣军，杨爽，孙培龙，等，2010. 海藻酸钠/壳聚糖微胶囊的制备及其应用研究进展 ［J］. 食品与机械，26（2）：166-169.

何向东，2005. 一种橡胶树产胶促进剂：中国，200410028588.8 ［P］. 2005-01-12.

和丽岗，肖桂秀，宁连云，等，2010. 云南橡胶树选育种现状和展望 ［J］. 热带农业科技，33（1）：1-4.

胡彦，黄天明，2015. 一种防治橡胶树死皮的药剂的制备方法：中国，201410495813.2 ［P］. 2015-01-21.

胡义钰，白先权，冯成天，等，2020.1-MCP 在橡胶树死皮防控中的应用研究 ［J］. 西北林学院学报，35（3）：161-164.

胡义钰，白先权，冯成天，等，2021. 死皮康复组合制剂在橡胶树品种 RRIM600 上的防效评价 ［J］. 中国热带农业，99（2）：54-60.

胡义钰，冯成天，刘辉，等，2019. 海藻酸钠/壳聚糖基橡胶树死皮康复营养剂微胶囊的制备工艺优化 ［J］. 热带作物学报，40（7）：1379-1386.

胡义钰，冯成天，孙亮，等，2018. 橡胶树死皮防治缓释颗粒调理剂造粒工艺的研究 ［J］. 中国农业科技导报，20（2）：139-145.

胡义钰，冯成天，袁坤，等，2018. 橡胶树死皮防治缓释颗粒调理剂

的田间药效研究 [J]. 热带作物学报, 39 (11): 2259-2264.

胡义钰, 孙亮, 袁坤, 等, 2016. 壳聚糖载体橡胶树死皮防治药剂的防效研究 [J]. 西南农业学报, 29 (3): 562-565.

胡义钰, 孙亮, 袁坤, 等, 2016. 橡胶树死皮防治技术研究进展 [J]. 热带农业科学, 36 (4): 72-76.

胡义钰, 张华林, 冯成天, 等, 2021. 死皮康复组合制剂在橡胶树品种'93-114' 上的应用 [J]. 热带作物学报, 42 (5): 1409-1413.

胡义钰, 张志扬, 冯成天, 等, 2022. 热科院试验场橡胶树死皮现状调查及成因分析 [J]. 热带农业科学, 42 (4): 86-90.

华南亚热带作物科学研究所橡胶栽培生态组, 2008. 橡胶树根、叶、芽、花生物学习性研究 [Z]. 海口: 中国热带农业科学院档案馆.

黄德宝, 秦云霞, 唐朝荣, 2010. 橡胶树三个品系 (热研 8-79、热研 7-33-97 和 PR107) 胶乳生理参数的比较研究 [J]. 热带亚热带植物学报, 18 (2): 170-175.

黄华孙, 2005. 中国橡胶树育种五十年 [M]. 北京: 中国农业出版社.

贾利娜, 何俊男, 赵敬东, 等, 2016. 壳聚糖—海藻酸钠载药微球的缓释性能研究 [J]. 广州化工, 44 (2): 65-68.

蒋桂芝, 白旭华, 杨焱, 等, 2013. 橡胶树死皮病药剂防治试验小结 [J]. 热带农业科技, 36 (4): 3-5, 17.

蒋桂芝, 宋国敏, 2012. 橡胶树产量, 死皮与种植环境 [C] //中国热带作物学会 2012 年理事年会暨学术论坛论文集. 海口: 中国热带作物学会: 39-41.

蒋小姝, 莫海涛, 苏海佳, 等, 2013. 甲壳素及壳聚糖在农业领域方面的应用 [J]. 中国农学通报, 29 (6): 170-174.

金言, 2013. 壳聚糖与海藻酸钠的复凝聚及其微胶囊的制备 [D]. 哈尔滨: 黑龙江大学.

黎仕聪, 冯金桂, 林集祥, 等, 1981. 橡胶树死皮病的防治与复割措施 [J]. 热带农业科学 (4): 40-48.

黎仕聪, 林钊沐, 钟起兴, 等, 1984. 橡胶树褐皮病的防治 [J]. 热带作物研究 (2): 10-18.

李彦明, 2005. 新型堆肥有机复混肥造粒黏结剂的研制与应用

[D]. 北京：中国农业大学.

李彦明，李国学，王丽莉，等，2005. 淀粉黏结剂对颗粒有机复混肥养分释放的影响 [J]. 农业工程学报，21（10）：113-117.

李艺坚，刘进平，2014. 3 个巴西橡胶树品种的死皮病调查 [J]. 热带农业科学，34（11）：58-65.

李智全，梁国宏，潘居清，2000. 中幼龄橡胶开割树死皮病综合防治生产型试验 [J]. 热带农业科学（5）：1-7.

梁根弟，罗春青，1994. 一种治疗橡胶树死皮复活剂的制造方法：中国，93107276. X [P]. 1994-12-28.

梁尚朴，1990. 赤霉素和生长素防治橡胶树死皮病的效果及对死皮病成因的看法 [J]. 热带作物研究（3）：25-28.

梁治齐，1999. 微胶囊技术及其应用 [M]. 北京：中国轻工业出版社.

廖宗文，杜建军，宋波，等，2003. 肥料养分控释的技术、机理和质量评价 [J]. 土壤通报（2）：106-110.

林运萍，陈兵，麦全法，等，2009. 橡胶树死皮防治试验 [J]. 中国热带农业（4）：40-41.

刘昌芬，龙继明，何海宁，等，2008. 植物源药物治疗橡胶树死皮病试验初报 [J]. 热带农业科技，31（4）：19-20，24.

刘峰，任奕林，王恒志，等，2016. 不同造粒方式下复合肥颗粒特性的比较 [J]. 西北农业学报，25（10）：1582-1590.

刘锐金，莫业勇，杨琳，等，2022. 我国天然橡胶产业战略地位的再认识与发展建议 [J]. 中国热带农业，104（1）：13-18.

刘志昕，郑学勤，2002. 橡胶树死皮病的发生机理和假说 [J]. 生命科学研究，6（1）：82-85.

刘忠亮，张海东，李荣，等，2012. 橡胶树品种云研 77-2、云研 77-4 早期产胶特点研究 [J]. 热带农业科技，35（3）：1-4.

马丙尧，邢尚军，马海林，等，2008. 腐植酸类肥料的特性及其应用展望 [J]. 山东林业科技（1）：82-84.

马鹏鹏，何立千，2001. 壳聚糖对植物病害的抑制作用研究进展 [J]. 天然产物研究与开发，13（6）：82-86.

孟庆廷，陈万东，2010. 壳聚糖—海藻酸钠叶绿素亚铁微胶囊的制备

及缓释性能研究 [J]. 食品科学, 31 (20): 137-140.

莫业勇, 杨琳, 2020. 2019 年国内外天然橡胶产销形势 [J]. 中国热带农业, 93 (2): 8-12.

南艳微, 郑晓玲, 2013. 多层海藻酸—壳聚糖聚电解质膜微球的制备与体外释放特性研究 [J]. 中国药房, 24 (17): 1581-1583.

任建国, 2013. 一种防治橡胶树死皮病的制剂及其制备方法和应用: 中国, 201210528962.5 [P]. 2013-04-03.

任建国, 2013. 一种用于橡胶防护除菌、营养增胶的制剂及其制备方法和应用: 中国, 201210528954.0 [P]. 2013-04-10.

史同瑞, 王丽坤, 张莹, 等, 2018. 壳聚糖—海藻酸钠胶囊性能及释药的影响因素 [J]. 黑龙江畜牧兽医 (3): 87-90.

宋泽兴, 张长寿, 2004. 药剂防治橡胶树外褐型死皮病试验 [J]. 热带农业科技, 27 (2): 10-11, 9.

孙志栋, 田雪冰, 倪穗, 等, 2017. 1-MCP 对采后果实贮藏品质影响的研究进展 [J]. 现代食品科技, 33 (7): 336-341.

汤建伟, 王小会, 化全县, 等, 2008. 除草型颗粒药肥合剂的研制 [J]. 化工矿物与加工 (5): 14-16.

童风, 李翠兰, 郎家文, 1995. 矫正果树缺铁症的简易方法——树干木质部埋植法 [J]. 资源开发与市场, 11 (3): 112-113.

王岸娜, 吴立根, 周跃勇, 2007. 壳聚糖海藻酸钠微胶囊制备研究 [J]. 河南工业大学学报 (自然科学版), 28 (6): 19-23.

王国烘, 陈玉才, 1987. 螯合稀土钼在橡胶树上应用的研究 [J]. 稀土 (6): 40-43.

王津, 李柱来, 陈莉敏, 等, 2008. 壳聚糖—海藻酸钠布洛芬缓释微球的制备工艺及性能 [J]. 福建医科大学学报, 42 (1): 56-59.

王秀娟, 张坤生, 任云霞, 等, 2008. 海藻酸钠凝胶特性的研究 [J]. 食品工业科技, 29 (2): 259-262.

王雪郦, 邱树毅, 2011. 不同液体黏结剂在新型保水复合肥制备中的应用 [J]. 西北农业学报, 20 (5): 186-190.

王岳坤, 阳江华, 秦云霞, 2014. PR107 两种割胶制度胶乳生理参数的季节变化 [J]. 热带作物学报, 35 (3): 419-424.

王召, 尹明明, 陈福良, 2017. 阿维菌素 B_2 海藻酸钠—壳聚糖包埋颗粒剂的制备及性能研究 [J]. 农药学学报, 19 (6): 744-754.

王真辉, 胡义钰, 袁坤, 等, 2014a. 一种橡胶树死皮防治涂施药剂及其制备方法: 中国, 201410265022.0 [P]. 2014-08-27.

王真辉, 刘季, 胡义钰, 等, 2015. 撒施石灰石粉对橡胶树细根空间分布及季节动态的影响 [J]. 热带作物学报, 36 (1): 1-8.

王真辉, 袁坤, 陈邦乾, 等, 2014b. 中国主要植胶区橡胶树死皮发生现状及田间分布形式研究 [J]. 热带农业科学, 34 (11): 66-70.

王真辉, 袁坤, 谢贵水, 等, 2014c. 一种橡胶树死皮康复营养液中国: 中国, ZL201310554320.7 [P]. 2014-04-09.

魏芳, 罗世巧, 校现周, 等, 2012. 橡胶树胶乳中硫醇功能以及模式植物中硫醇合成途径研究进展 [J]. 热带农业科学, 32 (8): 12-17.

魏福祥, 王新辉, 杨晓宇, 1998. 天然高分子海藻酸盐成膜研究 [J]. 日用化学工业, 7 (1): 24-27.

魏云霞, 马明广, 李生英, 等, 2016. 壳聚糖交联不溶性腐植酸吸附剂的制备及其吸附性能 [J]. 离子交换与吸附, 32 (1): 43-53.

温广军, 何开礼, 1999. "保01" 防治橡胶树褐皮病的效果与增产效益 [J]. 热带农业科学 (3): 1-3.

吴春太, 马征宇, 刘汉文, 等, 2014. 橡胶 RRIM600 的产量与产量构成因素的通径分析 [J]. 湖南农业大学学报 (自然科学版), 40 (5): 476-480.

肖再云, 校现周, 2009. 巴西橡胶树胶乳生理诊断的研究与应用 [J]. 热带农业科技, 32 (2): 46-50.

校现周, 1996. 橡胶胶乳中 R—SH 的生理作用 [J]. 热带作物研究 (3): 5-9.

校现周, 2000. 乙烯代谢对橡胶树的伤害及其发生机制探讨 [J]. 热带农业科学 (4): 7-11.

许闻献, 魏小弟, 校现周, 等, 1995. 刺激割胶制度对橡胶树死皮病发生的生理效应 [J]. 热带作物学报, 16 (2): 9-14.

许闻献, 校现周, 1988. 橡胶死皮树过氧化物酶同工酶和超氧化物歧化酶同工酶的研究 [J]. 热带作物学报, 9 (1): 31-36.

薛海龙，许文年，刘大翔，等，2017. 几种聚合材料包膜尿素的研制及评价方法研究［J］. 中国农业科技导报，19（4）4：92-99.

杨少琼，熊涓涓，1989. 橡胶树乳管系统功能的胶乳诊断——Ⅱ. 黄色体破裂指数的测定［J］. 热带作物研究（1）：68-71.

杨少琼，熊涓涓，莫业勇，等，1993. 螯合稀土钼微肥对巴西橡胶胶乳的几种酶活性的影响［J］. 热带作物学报（2）：39-45.

杨子明，彭政，罗勇悦，等，2013. 壳聚糖基橡胶树割面喷雾剂及其抗菌防寒效果研究［J］. 热带农业科学（3）2：42-48.

于炜婷，刘袖洞，李晓霞，等，2006. 壳聚糖溶液 pH 对载细胞海藻酸钠—壳聚糖微胶囊性能的影响［J］. 高等学校化学学报，21（1）：182-186.

余晓华，颜永斌，郑科旺，等，2016. 海藻酸钠/壳聚糖包覆尿素微球的制备及其缓释行为［J］. 湖北工程学院学报，36（6）：10-14.

袁坤，冯成天，李建辉，等，2017. 死皮康复营养剂恢复橡胶树热研7-33-97 死皮植株产胶能力的效果分析［J］. 热带作物学报，38（7）：1253-1259.

袁坤，王真辉，周雪梅，等，2014a. iTRAQ 结合 2D LC-MS/MS 技术鉴定健康和死皮橡胶树胶乳差异表达蛋白［J］. 江西农业大学学报，36（3）：650-655.

袁坤，谢贵水，杨礼富，等，2013. 不同药剂处理对橡胶树死皮和产量的影响［J］. 西南农业学报，26（4）：1524-1526.

袁坤，徐智娟，王真辉，等，2012. 橡胶树胶乳死皮相关蛋白的鉴定及分析［J］. 西北林学院学报，27（6）：105-109.

袁坤，杨礼富，陈帮乾，等，2016. 海南植胶区橡胶树死皮发生现状分析［J］. 西北林学院学报，31（1）：176-179.

袁坤，周雪梅，王真辉，等，2014b. 橡胶树胶乳橡胶粒子死皮相关蛋白的鉴定及分析［J］. 南京林业大学学报（自然科学版），38（1）：36-40.

袁坤，周雪梅，王真辉，等，2014c. 橡胶树胶乳橡胶粒子死皮相关蛋白的鉴定及分析［J］. 南京林业大学学报（自然科学版），38：36-40.

张敏，胡兆平，李新柱，等，2014. 腐植酸肥料的研究进展及前景展

望 [J]. 磷肥与复肥, 29 (1): 38-40.

张艺馨, 尚玉臣, 张晓丽, 等, 2016. 1-MCP 在果蔬应用上的研究进展 [J]. 中国瓜菜, 29 (11): 1-6.

郑冠标, 陈慕容, 杨绍华, 等, 1988. 橡胶树褐皮病的病因及其防治研究 [J]. 华南农业大学学报, 9 (2): 22-33.

郑源源, 叶树彬, 涂小霞, 等, 2019. 明胶/海藻酸钠复合微胶囊型缓释氮肥的制备及其缓释性能研究 [J]. 广东化工, 46 (5): 36-37.

周建南, 1995. 国外巴西橡胶树死皮的研究 [J]. 热带作物研究 (2): 73-78.

周敏, 胡义钰, 李芹, 等, 2019. 死皮康复营养剂对橡胶树死皮的应用效果 [J]. 热带农业科学, 39 (2): 56-60.

周敏, 王真辉, 李芹, 等, 2016. 橡胶树死皮防控试验 [J]. 热带农业科学, 36 (12): 52-55.

邹智, 杨礼富, 王真辉, 等, 2012. 橡胶树 "死皮" 及其防控策略探讨 [J]. 生物技术通报 (9): 8-15.

BEALING F J, CHUA S E, 1972. Output, composition and metabolic activity of *Hevea latex* in relation to tapping intensity and the onset of brown bast [J]. Journal of the Rubber Research Institute of Malaysia, 23 (3): 204-231.

CHEN S, PENG S, HUANG G, et al., 2003. Association of decreased expression of a Myb transcription factor with the TPD (tapping panel dryness) syndrome in *Hevea brasiliensis* [J]. Plant Molecular Biology, 51 (1): 51-58.

CHUA S E, 1967. Physiological changes in *Hevea* trees under intensive tapping [J]. Journal of the Rubber Research Institute of Malaysia, 20 (2): 100-105.

D' AUZAC J, JACOB JL, CHRESTINH, 1989. A model of cytoplasm [M] // The Laticiferous Cell and Latex. Boca Raton: CRC Press: 407-430.

D'AUZAC J, JACOB J L, CHRESTIN H, 1989. Biochical aspects of bark dryness induced by over-stimulation of rubber trees with ethrel [M] // Chrestin H. Physiology of Rubber Tree Latex. Boca Raton: CRC Press:

431-441.

DE FAY E, 2011. Histo- and cytopathology of trunk phloem necrosis, a form of rubber tree (*Hevea brasiliensis* Müll. Arg.) tapping panel dryness [J]. Australian Journal of Botany, 59: 563-574.

DE FAY E, JACOB JL, 1989. Symptomatology, histological, and cytological aspects of the bark dryness disease (brown bast) of *Hevea* [M] //Physiology of Rubber Tree Latex. Chrestin H. Physiology of Rubber Tree Latex. Boca Raton: CRC Press.

FREY - WYSSLING A, 1932. Investigation on the dilution reaction and the movement of the latex of *Hevea brasiliensis* during tapping [J]. Archive of Rubber Cultivation, 16: 285.

JACOB J L, PRÊV" T J C, LACROTTE R, 1994. Tapping panel dryness in *Hevea brasiliensis* [J]. Plantations, Recherche, Development, 1 (3): 15-24.

KEUCHENIUS P E, 1924. Consideration on brown bast disease of rubber [J]. Archive of Rubber Cultivation, 8: 803-816.

MOTWANI SK, CHOPRA S, TALEGAONKAR S, 2008. Chitosan-sodium alginatenanoparticles as submicroscopic reservoirs for ocular delivery: Formulation, optimization and in vitro characterization [J]. European-Journal of Pharmaccutics and Biopharmaceutic, 68 (3): 513-525.

NANDRIS D, MOREAU R, PELLEGRIN F, et al., 2004. Rubber tree (*Hevea brasiliensis*) bark necrosis syndrome II : First comprehensive report on causal stresses [J]. Plant Dis., 88 (9): 1047.

PARANJOTHY K, 1980. Brown bast and exploitation of dry trees [C] // RRIMTraining Manual on Tapping, Tapping Systems and Yield Stimulation of *Hevea*. Malaya: Rubber Research Institute: 55-65.

PENG S Q, WU K X, HUANG G X, et al., 2011. HbMyb1, a Myb transcription factor from *Hevea brasiliensis*, suppresses stress induced cell death in transgenic tobacco [J]. Plant Physiology and Biochemistry, 49 (12): 1429-1435.

PUSHPADES M V, 1975. Brown bast and nutrition: a case study [J]. Rubber Board Bull, 12 (3): 83-88.

PUTRANTO RA, HERLINAWATI E, RIO M, et al., 2015. Involvement of Ethylene in the Latex Metabolism and Tapping Panel Dryness of *Hevea brasiliensis* [J]. International Journal of Molecular Sciences, 16 (8): 17885-17908.

RANDS R D, 1921. Brown bast disease of plantation rubber, its cause and prevention [M] //Indie Archief Voor De Rubber culture in Nederlandsch. 5e Jaargang: 224-275.

SCHWEIZER J, 1949. Brown bast desease [J]. Archive of Rubber Cultivation, 26: 385.

SHARPLES A, LAMBOURNE J, 1924. Field experiments relating to brown bast disease of *Hevea brasiliensis* [J]. Malayan Agricultural Journal, 12: 190-343.

SISWANTO, FIRMANSYAH, 1990. Attempts to control bark dryness in rubber plants [C] // Proceedings of the IRRDB Work-shop on Tree Dryness, Penang, 1989: 90-100.

SIVAKUMARAN S, LEONG S K, GHOUSE M, et al, 1994. Influence of some agronomic practices on tapping panel dryness in *Hevea* trees [M] //International Rubber Research and Development Board Workshop on Tapping Panel Dryness. Haikou: Hainan Press: 26.

SOBHANA P, THOMAS M, KRISHNAKUMAR R, et al., 1999. Can there be possible genetic conflicts between genetically divergent rootstock and scion on bud grafted plants [C]. Haikou: IRRDB International Symposium.

TAYSUM H H, 1960. Yield increase by the treatment of *Hevea brasiliensis* with antibiotics [C] //Proc. Nat. Rubber Res. Conf., 1960. Kuala Lumpur: Rubber Research Institute Malaya: 224.

WYCHERLEY P R, 1975. *Hevea*: long flow, adverse partition and storm losses [J]. The Planter, 51 (586): 6-13.

ZHAO G J, JIANG Y M, JIANG S L, 1999. Effects of deacetylationdegree, molecular weight and concentration of chitosan on theformation and properties of chitosan microcapsules [J]. Journal of Basic Science and Engineering, 7 (2): 177-184.

附录1　技术示范布点照片

2014 年于海南天然橡胶产业集团股份
有限公司广坝分公司，品种为 RRIM600

2014 年于海南天然橡胶产业集团股份
有限公司新中分公司，品种为 RR107

2014 年于海南省儋州市美万新村，品种为热研 7-33-97

2014 年于中国热带农业科学院试验场 3 队，品种为 7-33-97

2014 年于海南天然橡胶产业集团股份有限公司山荣分公司，品种为 RRIM600

2014 年于广东省湛江市，品种为南华 1 号

2014 年于云南省红河哈尼族彝族自治州河口瑶族自治县，品种为云研 77–4

2014 年于云南省德宏傣族景颇族自治州，品种为 GT1

附录 2 橡胶树死皮现状调查表格

表 1 _____农场橡胶树死皮现状调查任务与完成情况

任务序号	具体任务	计划完成时间	实际完成情况	备注
1	咨询生产管理部门，了解橡胶树死皮现状和引起死皮的可能原因，以及现有防治措施			
2	收集农场的橡胶树死皮相关资料（不同品种的死皮率、死皮停割率、死皮防治效果等）			
3	按照方案要求选择待调查的样本树位，并将各树位的分布情况集中填写于表2			
4	收集待调查林段/树位的基本情况，并将相关信息填写于表3			
5	实地调查，将调查结果填写于表4（与表3对应）			
6	走访胶工，了解引起死皮的可能原因和较理想的防治措施			
7	叶片和土壤样品采集			
8	低死皮率树位/林段/农场的实地深入调查，以及相关扶管措施等信息的收集			
9	长期定位观测点的落实（明确各观测点的负责人、具体任务与要求、联系方式等）			

注：①对每一项调查任务，尽可能收集较完整的资料，或做详细的文字记录。

②收集有推广应用前景的橡胶树品种的死皮相关资料和典型数据。

③此表同样适用于民营胶园的死皮现状调查。

表2 _____农场橡胶树死皮现状调查样本树位分布

调查日期：___年___月___日

主栽品种	割龄	树位地点		
		树位1	树位2	树位3
	≤3年			
	4~5年			
	6~10年			
	11~15年			
	≥16年			
	≤3年			
	4~5年			
	6~10年			
	11~15年			
	≥16年			
	≤3年			
	4~5年			
	6~10年			
	11~15年			
	≥16年			
	≤3年			
	4~5年			
	6~10年			
	11~15年			
	≥16年			

注：①选择树位时，须考虑不同割制。
　　②表中"地点"指调查树位所在的生产队、林段号和树位号。

表 3　定点调查树位信息

地点：_____农场_____队　林段号_____树位号_____　　调查株数：_____

调查人员：_____　　调查日期：_____年_____月_____日

品种		
定植年度		
定植规格		
立地环境		
树龄		
割龄		
主要割制		
胶工等级（去年）		
刺激剂 （记"√"）	剂型	□糊剂　　□水剂
	浓度	□0.5%　□1%　□1.5%　□2%　□2.5% □3%　□3.5%　□4%及以上
	来源	□购买　　□自己配制
化肥	种类	
	数量（kg/株）	
	施用方式	
有机肥	种类	
	数量（kg/株）	
	施用方式	
压青	种类	
	数量（kg/株）	
	施用方式	
土壤类型		
树位年产量		
风害、寒害情况（收集相关数据）		
死皮率		
死皮停割率		
死皮防治措施		
叶片样品编号		
0~20 cm 土样编号		
21~40 cm 土样编号		

表 4　定点调查树位逐株记录

植株编号	死皮类型	割线长度	死皮长度	产胶疲劳症状		备注
				排胶缓慢	内缩	停割/风害等

表5 面上调查树位信息

地点：_____农场_____队 林段号_____树位号_____ 调查株数：_____

调查人员：_____ 调查日期：_____年_____月_____日

品种		
定植年度		
定植规格		
立地环境		
树龄		
割龄		
主要割制		
胶工等级（去年）		
刺激剂（记"√"）	剂型	□糊剂 □水剂
	浓度	□0.5% □1% □1.5% □2% □2.5% □3% □3.5% □4%及以上
	来源	□购买 □自己配制
化肥	种类	
	数量（kg/株）	
	施用方式	
有机肥	种类	
	数量（kg/株）	
	施用方式	
压青	种类	
	数量（kg/株）	
	施用方式	
土壤类型		
树位年产量		
风害、寒害情况（收集相关数据）		
死皮率		
死皮停割率		
死皮防治措施		
叶片样品编号		
0~20 cm土样编号		
21~40 cm土样编号		

173

表6　面上调查树位逐株记录

植株编号	死皮症状	死皮类型	备注

表 7 橡胶树死皮类型、死皮率和死皮指数汇总

农场_____ 品系_____ 调查总株数_____ 调查日期_____

割龄	死皮类型	各级死皮植株数及死皮率								
		0	1	2	3	4	5	死皮率	停割/4~5级死皮率	死皮指数
≤3 年										
4~5 年										
6~10 年										
11~15 年										
≥16 年										

附录 3 橡胶树死皮康复营养剂
（Q/HNRN1—2015）
海南热农橡胶科技服务中心企业标准

前言

本标准由海南热农橡胶科技服务中心负责起草。

本标准主要起草人：王真辉、胡义钰、袁坤、孙亮、谢贵水、张志扬。

1 范围

本标准规定了橡胶树死皮康复营养剂的术语、分类、技术要求、试验方法、检验规格及标志、包装运输和贮存要求。

本标准适用于以水为载体的液体剂型和以壳聚糖醋酸溶液为载体的胶体剂型，以植物生长所需大量元素、微量元素、杀菌抑菌组分和植物生长调节剂为主要成分的橡胶树死皮康复营养剂。

2 规范性引用文件

下列文件中的条款通过本标准的引用而成为本标准的条款。凡是注明日期的引用文件，其随后所有的修改单（不包括勘误的内容）或修订版均不适用于本标准，然而，鼓励根据本标准达成协议的各方研究是否可使用这些文件的最新版本。凡是不注日期的引用文件，其最新版本适用于本标准。

GB/T 191 包装储运图示标志

GB/T 601—2002 化学试剂 标准滴定溶液的制备

GB/T 1454 复混肥料中铜、铁、锰、锌、硼、钼含量的测定

GB/T 6388 运输包装的发货标志

GB/T 6682 分析实验室用水规格和试验方法

GB/T 8170 数值修约规则与极限数值的表示和判定

NY 1106 含腐植酸水溶肥料

NY/T 1117 水溶肥料钙、镁、硫含量的测定

HG/T 2843 化肥产品 化学分析常用标准滴定溶液、标准溶液、试剂溶液和指示剂溶液

HG/T 4511 工业磷酸二氢钾

3 术语

下列术语和定义适用于本标准。

3.1 橡胶树康复营养剂

喷施于橡胶树树干及树头以防止或恢复橡胶树死皮的液体药剂；涂施于橡胶树割线上下面以防止或恢复橡胶树死皮的胶体状药剂。

4 技术要求

4.1 产品分类

根据产品成分和剂型的不同将产品分为液体剂型、胶状剂型。

4.2 理化指标

理化指标应符合表1或表2规定。

表1 液体剂型

项目	要求
颜色与气味	棕黑色或淡黄色；略带异味
钙（g/L）	8.47~20.00
镁（g/L）	≥4.80
锰（g/L）	≥0.072 6
锌（g/L）	≥0.005 0
硼（g/L）	≥0.050 0
钼（g/L）	≥0.001 2
磷酸二氢钾（g/L）	≥13.60
腐植酸（g/L）	≥10.00
桉油（mL/L）	≥3.75
pH 值	≥3

表 2 胶体剂型

项目	要求
颜色与气味	浅棕红色；略带异味
壳聚糖（g/L）	20.00~50.00
多糖（g/L）	0.25~2.50
四水合钼酸铵（g/L）	0.20~1.00
硼（g/L）	≥0.017 0
镁（g/L）	≥0.15
锌（g/L）	≥0.14
桉油（mL/L）	0.50~1.00
黏度（mPa·s）	≥10
pH 值*	≥3

*注：胶体剂型的 pH 值通过醋酸进行调节，醋酸的浓度含量一般在 5 g/L 左右。

5 试验方法

本标准所使用的化学试剂、标准滴定溶液按照 GB/T 601—2002 的规定制备。

5.1 抽样

5.1.1 抽样量

不同批量的抽样量（n）按表 3 推算。抽样单位为 mL。

表 3 抽样量

产品规格	抽样品量（n）	
	批量＜50 罐	批量≥50 罐
1 L/罐	3 罐	5 罐
25 L/罐	3 罐	5 罐
其他	按 4%计	按 3%计

5.1.2 抽样方法

在同一批产品中随机抽样，随机取出 n 罐，再从每罐中取出 200 mL，其中 100 mL 做分析用，另 100 mL 封存备用。

5.2 感官指标的测定

用肉眼观察和鼻子嗅闻。

178

5.3　钙含量的测定（原子吸收分光光度法）

5.3.1　原理

试样溶液中的钙在微酸性介质中，以一定量的锶盐作释放剂，在贫燃性空气—乙炔焰中原子化，所产生的原子蒸气吸收从钙空心阴极灯射出特征波长为 422.7 nm 的光，吸光度值与钙基态原子浓度成正比。

5.3.2　试剂和材料

本标准中所用试剂、水和溶液的配制，在未注明规格和配制方法时，均应符合 HG/T 2843 的规定。

5.3.2.1　盐酸。

5.3.2.2　盐酸溶液：1+1。

5.3.2.3　氯化锶溶液：C（$SrCl_2$）= 60.9 g/L。称取 60.9 g 氯化锶（$SrCl_2 \cdot 6H_2O$）溶于 300 mL 水和 420 mL 盐酸溶液（5.3.2.2）中，用水定容至 1 000 mL，混匀。

5.3.2.4　钙标准储备液：C（Ca）= 1 mg/mL。

5.3.2.5　钙标准溶液：C（Ca）= 100 μg/mL。吸取钙标准储备液（5.3.2.4）10.00 mL 于 100 mL 容量瓶中，加入 10 mL 盐酸溶液（5.3.2.2），用水定容，混匀。

5.3.2.6　溶解乙炔。

5.3.3　仪器

5.3.3.1　常规实验室仪器。

5.3.3.2　原子吸收分光光度计，附有空气—乙炔燃烧器及钙空心阴极灯。

5.3.4　分析步骤

5.3.4.1　试验溶液的准备

量取 0.2~3.0 mL 试样置于 250 mL 容量瓶中，用水定容，混匀，干过滤，弃去最初几毫升滤液后，滤液待测。

5.3.4.2　工作曲线的绘制

分别吸取钙标准溶液（5.3.2.5）0 mL、1.00 mL、2.00 mL、4.00 mL、8.00 mL、10.00 mL 置于 6 个 100 mL 容量瓶中，分别加入 4 mL 盐酸溶液（5.3.2.2）和 10 mL 氯化锶溶液（5.3.2.3），用水定容，混匀。此系列标准溶液钙的质量浓度分别为 0 μg/mL、1.0 μg/mL、2.0 μg/mL、4.0 μg/mL、8.0 μg/mL、10.0 μg/mL。在选定最佳工作条件下，于波长 422.7 nm 处，使用贫燃性空气—乙炔火焰，以钙含量为 0 μg/mL 的标准溶液为参比溶液调零，

179

测定各标准溶液的吸光值。

以各标准溶液钙的质量浓度（μg/mL）为横坐标，相应的吸光值为纵坐标，绘制工作曲线。

注：可根据不同仪器灵敏度调整标准曲线的质量浓度。

5.3.4.3　测定

吸取一定体积的试样溶液于 100 mL 容量瓶内，加入 4 mL 盐酸溶液（5.3.2.2）和 10 mL 氯化锶溶液（5.3.2.3），用水定容，混匀。在与测定标准系列溶液相同的仪器条件下，测定其吸光值，在工作曲线上查出相应钙的质量浓度（μg/mL）。

5.3.4.4　空白试验

除不加试样外，其他步骤同试样溶液的测定。

5.3.5　分析结果的表述

钙含量 C（Ca）以质量浓度（mg/mL）表示，按式（1）计算：

$$C（\text{Ca}）= \frac{(C-C_0) \times D \times 250}{V \times 10^3} \qquad (1)$$

式中：C（Ca）——钙质量浓度，mg/mL；

$\qquad$ C——由工作曲线查出的试样溶液中钙的质量浓度，g/L；

$\qquad$ C_0——由工作曲线查出的空白溶液中钙的质量浓度，g/L；

$\qquad$ D——试样溶液的稀释倍数；

$\qquad$ V——试料的体积，mL；

$\qquad$ 250——试样溶液的体积，mL；

$\qquad$ 10^3——将微克换算成毫克的系数。

取平行测定结果的算术平均值为测定结果，结果保留到小数点后两位。

5.3.6　允许差

平行测定结果的相对相差不大于 10%。

不同实验室测定结果的相对相差不大于 30%。

当测定结果小于 0.15% 时，平行测定结果及不同实验室测定结果相对相差不计。

5.4　镁含量的测定（原子吸收分光光度法）

5.4.1　原理

试样溶液中的镁在微酸性介质中，以一定量的锶盐作释放剂，在贫燃性空气—乙炔焰中原子化，所产生的原子蒸气吸收从镁空心阴极灯射出特征波长285.2 nm 的光，吸光度值与镁基态原子浓度成正比。

5.4.2　试剂和材料

本标准中所用试剂、水和溶液的配制，在未注明规格和配制方法时，均应符合 HG/T 2843 的规定。

5.4.2.1　盐酸。

5.4.2.2　盐酸溶液：1+1。

5.4.2.3　氯化锶溶液：C（$SrCl_2$）= 60.9 g/L，称取 60.9 g 氯化锶（$SrCl_2 \cdot 6H_2O$）溶于 300 mL 水和 420mL 盐酸溶液（5.4.2.2）中，用水定容至 1 000 mL，混匀。

5.4.2.4　镁标准储备液：C（Mg）= 1 mg/mL。

5.4.2.5　镁标准溶液：C（Mg）= 100 µg/mL，准确吸取镁标准储备液（5.4.2.4）10.00 mL 于 100 mL 容量瓶中，加入 10.00mL 盐酸溶液（5.4.2.2），用水定容，混匀。

5.4.2.6　溶解乙炔。

5.4.3　仪器

5.4.3.1　常规实验室仪器。

5.4.3.2　原子吸收分光光度计，附有空气—乙炔燃烧器及镁空心阴极灯。

5.4.4　分析步骤

5.4.4.1　试验溶液的准备

称取 0.2~3.0 g 试样（精确至 0.000 1 g）置于 250 mL 容量瓶中，用水定容，混匀，干过滤，弃去最初几毫升滤液后，滤液待测。

5.4.4.2　工作曲线的绘制

分别吸取镁标准溶液（5.4.2.5）0 mL、1.00 mL、2.00 mL、4.00 mL、8.00 mL、10.00 mL 置于 6 个 100 mL 容量瓶中，分别加入 4mL 盐酸溶液（5.4.2.2）和 10 mL 氯化锶溶液（5.4.2.3），用水定容，混匀。此系列标准溶液镁的质量浓度分别为 0 µg/mL、1.0 µg/mL、2.0 µg/mL、4.0 µg/mL、8.0 µg/ mL、10.0 µg/mL。在选定最佳工作条件下，于波长285.2 nm 处，使用贫燃性空气—乙炔火焰，以镁含量为0 µg/mL的标准溶液为参比溶液调零，测定各标准溶液的吸光值。

以各标准溶液镁的质量浓度（µg/mL）为横坐标，相应的吸光值为纵坐标，绘制工作曲线。

注：可根据不同仪器灵敏度调整标准曲线的质量浓度。

5.4.4.3 测定

吸取一定体积的试样溶液于 100 mL 容量瓶内，加入 4 mL 盐酸溶液（5.4.2.2）和 10 mL 氯化锶溶液（5.4.2.3），用水定容，混匀。在与测定标准系列溶液相同的仪器条件下，测定其吸光值，在工作曲线上查出相应镁的质量浓度（μg/mL）。

5.4.4.4 空白试验

除不加试样外，其他步骤同试样溶液的测定。

5.4.5 分析结果的表述

镁含量 C（Mg）以质量浓度（mg/mL）表示，按式（2）计算：

$$C（Mg）= \frac{(C-C_0) \times D \times 250}{V \times 10^3} \tag{2}$$

式中：C——由工作曲线查出的试样溶液中镁的质量浓度，μg/mL；

C_0——由工作曲线查出的空白溶液中镁的质量浓度，μg/mL；

D——试样溶液的稀释倍数；

V——试料的体积，mL；

250——试样溶液的体积，mL；

10^3——将微克换算成毫克的系数。

取平行测定结果的算术平均值为测定结果，结果保留到小数点后两位。

5.4.6 允许差

平行测定结果的相对相差不大于 10%。

不同实验室测定结果的相对相差不大于 30%。

当测定结果小于 0.15% 时，平行测定结果及不同实验室测定结果相对相差不计。

5.5 锰含量的测定（原子吸收分光光度法）

5.5.1 原理

试样溶液中的锰，经原子化器将其转变成原子蒸气，产生的原子蒸气吸收从锰空心阴极灯射出的特征波长 279.5 nm 的光，吸光度的大小与锰基态原子浓度成正比。

5.5.2 试剂和材料

5.5.2.1 盐酸溶液：0.5 mol/L。

5.5.2.2 锰标准溶液：1 mg/mL。

5.5.2.3 锰标准溶液；0.1 mg/mL。吸取 10.0 mL 锰标准溶液（5.5.2.2）于 100 mL 量瓶中，用水稀释至刻度，混匀。

5.5.2.4 溶解乙炔。

5.5.3　仪器

5.5.3.1 常规实验室用仪器。

5.5.3.2 原子吸收分光光度计，配有空气—乙炔燃烧器和锰空心阴极灯。

5.5.4　分析步骤

5.5.4.1　试验溶液的准备

量取 0.2~3 mL 试样，置于 400 mL 高型烧杯中，加入 50 mL 盐酸溶液，盖上表面皿，在电热板上煮沸 15 min，取下，冷却至室温后转移到 250 mL 量瓶中，用水稀释至刻度，混匀，干过滤，弃去最初几毫升滤液后，滤液待测。

5.5.4.2　工作曲线的绘制

分别吸取锰标准溶液（5.5.2.3）0 mL、0.5 mL、1.0 mL、1.5 mL、2.0 mL 置于 5 个 100 mL 容量瓶中，用盐酸溶液稀释至刻度，混匀。此系列标准溶液锰的质量浓度分别为 0 μg/mL、0.5 μg/mL、1.0 μg/mL、1.5 μg/mL、2.0 μg/mL。进行测定前，根据待测元素性质，参照仪器使用说明书，进行最佳工作条件选择。然后，于波长 279.5 nm 处，使用空气—乙炔氧化火焰，以锰含量为 0 μg/mL 的标准溶液为参比溶液，将原子吸收分光光度计的吸光度调零后，测定各标准溶液的吸光度。

以各标准溶液的锰浓度（μg/mL）为横坐标，相应的吸光度为纵坐标，绘制工作曲线。

5.5.4.3　测定

将试样溶液不经稀释或根据锰含量将试样溶液用盐酸溶液稀释一定倍数后在与测定标准溶液相同的条件下，测得试样溶液的吸光度，在工作曲线上查出相应的锰浓度（μg/mL）。

5.5.4.4　空白试验

采用空白溶液，其他步骤同样品测定。

5.5.5　分析结果的表述

锰含量 C（Mn）以质量浓度（mg/mL）表示，按式（3）计算：

$$C（Mn）= \frac{(C-C_0)\times D\times 250}{V\times 10^3} \qquad (3)$$

式中：C——由工作曲线查出的试样溶液中锰的质量浓度，μg/mL；

C_0——由工作曲线查出的空白溶液中锰的质量浓度，μg/mL；

D——试样溶液的稀释倍数；

V——试料的体积，mL；

250——试样溶液的体积，mL；

10^3——将微克换算成毫克的系数。

取平行测定结果的算术平均值为测定结果，结果保留到小数点后两位。

5.6 锌含量的测定（原子吸收分光光度法）

5.6.1 原理

试样溶液中的锌，经原子化器将其转变成原子蒸气，产生的原子蒸气吸收从锌空心阴极灯射出的特征波长 213.9 nm 的光，吸光度的大小与锌基态原子浓度成正比。

5.6.2 试剂和材料

5.6.2.1 盐酸溶液：0.5 mol/L。

5.6.2.2 锌标准溶液：1 mg/mL。

5.6.2.3 锌标准溶液：0.01 mg/mL。吸取 10.0 mL 锌标准溶液（5.6.2.2）于 1 000 mL 量瓶中，用水稀释至刻度，混匀。

5.6.2.4 溶解乙炔。

5.6.3 仪器

5.6.3.1 常规实验室用仪器。

5.6.3.2 原子吸收分光光度计，配有空气—乙炔燃烧器和锌空心阴极灯。

5.6.4 分析步骤

5.6.4.1 试验溶液的准备

量取 0.2~3.0 mL 试样（精确至 0.000 1 g），置于 400 mL 高型烧杯中，加入 50 mL 盐酸溶液，盖上表面皿，在电热板上煮沸 15 min，取下，冷却至室温后转移到 250 mL 量瓶中，用水稀释至刻度，混匀，干过滤，弃去最初几毫升滤液后，滤液待测。

5.6.4.2 工作曲线的绘制

分别吸取锌标准溶液（5.6.2.3）0 mL、0.5 mL、1.0 mL、2.0 mL、

4.0 mL 置于 5 个 100 mL 容量瓶中，用盐酸溶液稀释至刻度，混匀。此系列标准溶液锌的质量浓度分别为 0 μg/mL、0.05 μg/mL、0.10 μg/mL、0.20 μg/mL、0.40 μg/ mL。进行测定前，根据待测元素性质，参照仪器使用说明书，进行最佳工作条件选择。然后，于波长 213.9 nm 处，使用空气—乙炔氧化火焰，以锌含量为 0 μg/mL 的标准溶液为参比溶液，将原子吸收分光光度计的吸光度调零后，测定各标准溶液的吸光度。

以各标准溶液的锌浓度（μg/mL）为横坐标，相应的吸光度为纵坐标，绘制工作曲线。

5.6.4.3　测定

将试样溶液经稀释或根据锌含量将试样溶液用盐酸溶液稀释一定倍数后在与测定标准溶液相同的条件下，测得试样溶液的吸光度，在工作曲线上查出相应的锌浓度（μg/mL）。

5.6.4.4　空白试验

采用空白溶液，其他步骤同样品测定。

5.6.5　分析结果的表述

锌含量 C（Zn）以质量浓度（mg/mL）表示，按式（4）计算：

$$C（\text{Zn}）= \frac{(C-C_0) \times D \times 250}{V \times 10^3} \tag{4}$$

式中：C——由工作曲线查出的试样溶液中锌的质量浓度，μg/mL；

C_0——由工作曲线查出的空白溶液中锌的质量浓度，μg/mL；

D——试样溶液的稀释倍数；

V——试料的体积，mL；

250——试样溶液的体积，mL；

10^3——将微克换算成毫克的系数。

取平行测定结果的算术平均值为测定结果，结果保留到小数点后两位。

5.7　硼含量的测定（甲亚胺—H 酸分光光度法）

5.7.1　原理

试样经沸水提取，用 EDTA 掩蔽铁、铝、铜等干扰离子，当 pH 值为 5 时，试样溶液中的硼酸根离子与甲亚胺-H 酸生成黄色配合物，在波长 415 nm 处，测定吸光度。

5.7.2 试剂和材料

5.7.2.1 氢氧化钠溶液：20 g/L。

5.7.2.2 盐酸溶液：1+10。

5.7.2.3 乙酸铵缓冲溶液：pH 值≈5.2。

5.7.2.4 乙二胺四乙酸二钠（EDTA）溶液：37.3 g/L。

5.7.2.5 甲亚胺-H 酸。

5.7.2.6 显色剂溶液：称取 0.6 g 甲亚胺-H 酸和 2 g 抗坏血酸，置于 100 mL 聚乙烯烧杯中，加水 30 mL，加热至 35~40℃使其溶解，冷却后转移至 100 mL 石英量瓶中，加水至刻度，混匀，用时现配。

5.7.2.7 硼标准溶液：1 mg/mL。

5.7.2.8 硼标准溶液：0.02 mg/mL。吸取 5.0 mL 硼标准溶液（5.7.2.7）于 250 mL 石英量瓶中，用水稀释至刻度，混匀，使用时现配。

5.7.3 仪器

5.7.3.1 常规实验室用仪器。

5.7.3.2 酸度计：±0.02 pH。

5.7.3.3 分光光度计：带有光程为 1 cm 的石英吸收池。

5.7.3.4 石英量瓶及石英吸管。

5.7.4 分析步骤

5.7.4.1 试验溶液的准备

硼试样溶液的制备：称取 1~5 mL 试样，精确至 0.001 g，置于 250 mL 聚四氟乙烯烧杯中，加水 150 mL，盖上表面皿，在电热板上煮沸 15 min，取下，冷却至室温后转移到 250 mL 量瓶中，用水稀释至刻度，混匀，干过滤，弃去最初几毫升滤液后，滤液待测。

5.7.4.2 工作曲线的绘制

分别吸取硼标准溶液（5.7.2.8）0 mL、0.5 mL、1.0 mL、2.0 mL、4.0 mL 置于 5 个 50 mL 聚乙烯烧杯中。于各烧杯中加入 10mL EDTA 溶液，用氢氧化钠溶液或盐酸溶液，调 pH 值至 5.0，加入 5 mL 乙酸铵缓冲溶液和 5.0 mL 显色剂溶液，转移至 50 mL 石英量瓶中．用水稀释至刻度，混匀，于室温下避光放置 3 h。此标准系列硼的质量浓度分别为 0 μg/mL、0.2 μg/mL、0.4 μg/mL、0.8 μg/mL、1.6 μg/mL。用 1 cm 吸收池，在波长 415 nm 处，以硼含量为 0 μg/mL 的标准溶液为参比溶液，将分光光度计的吸光度调零后，测定各标准溶液的吸光度。

显色溶液在暗处放置3 h后，还可稳定2 h，测定应在此期间完成。

以各标准溶液的硼浓度（μg/mL）为横坐标，相应的吸光度为纵坐标，绘制工作曲线。

5.7.4.3 测定

根据硼含量吸取一定量试样溶液于50 mL聚乙烯烧杯中，于各烧杯中加入10 mL EDTA溶液，用氢氧化钠溶液或盐酸溶液，调pH值至5.0，加入5 mL乙酸铵缓冲溶液和5.0 mL显色剂溶液，转移至50 mL石英量瓶中用水稀释至刻度，混匀，于室温下避光放置3 h。此标准系列硼的质量浓度分别为0 μg/mL、0.2 μg/mL、0.4 μg/mL、0.8 μg/mL、1.6 μg/mL。用1 cm吸收池，在波长415 nm处，以硼含量为0 μg/mL的标准溶液为参比溶液，将分光光度计的吸光度调零后，测定各标准溶液的吸光度。

5.7.4.4 空白试验

除不加试样外，其他步骤同样品测定。

5.7.5 分析结果的表述

硼含量C（B）以质量浓度（mg/mL）表示，按式（5）计算：

$$C（B）= \frac{(C-C_0)\times50}{\dfrac{V\times V_1}{250}\times10^3} \tag{5}$$

式中：C——由工作曲线查出的试样溶液中硼的质量浓度，μg/mL；

C_0——由工作曲线查出的空白溶液中硼的质量浓度，μg/mL；

V——试料的体积，mL；

V_1——测定时，所取试液体积，mL。

50——测定时，试样溶液的定容体积，mL；

250——试样溶液总体积，mL；

10^3——将微克换算成毫克的系数。

取平行测定结果的算术平均值为测定结果，结果保留到小数点后两位。

5.8 钼及四水合钼酸铵含量的测定（硫氰酸钠分光光度法）

5.8.1 原理

试样经稀盐酸溶液提取后，用氯化亚锡将试样中的六价钼还原成五价钼，五价钼与硫氰酸根离子等反应生成橙红色配合物，在波长460 nm处，测定吸光度。

5.8.2 试剂和材料

5.8.2.1 高氯酸。

5.8.2.2 硫酸溶液：1+1。

5.8.2.3 硫氰酸钠溶液：100 g/L。

5.8.2.4 硫酸铁溶液：50 g/L。称取 5 g 硫酸铁 [$Fe_2(SO_4)_3 \cdot 9H_2O$]，溶于适量水和 10 mL 硫酸溶液中，加热溶解后用水稀释至 100 mL，摇匀。

5.8.2.5 氯化亚锡溶液：100 g/L。

5.8.2.6 钼标准溶液：1 mg/mL。

5.8.2.7 钼标准溶液：0.1 mg/mL。吸取 10.0 mL 钼标准溶液（5.8.2.6）于 100 mL 量瓶中，用水稀释至刻度，混匀；使用时现配。

5.8.3 仪器

5.8.3.1 常规实验室用仪器。

5.8.3.2 分光光度计：带有光程为 1 cm 的吸收池。

5.8.4 分析步骤

5.8.4.1 试验溶液的准备

量取 0.2~3.0 mL 试样（精确至 0.000 1 g），置于 400 mL 高型烧杯中，加入 50 mL 盐酸溶液，盖上表面皿，在电热板上煮沸 15 min，取下，冷却至室温后转移到 250 mL 量瓶中，用水稀释至刻度，混匀，干过滤，弃去最初几毫升滤液后，滤液待测。

5.8.4.2 工作曲线的绘制

分别吸取钼标准溶液（5.8.2.7）0 mL、1.0 mL、1.5 mL、2.0 mL、2.5 mL、3.0 ml 置于 6 个 100 mL 量瓶中。于各量瓶中加入一定量水，使溶液体积约 50 mL，再加入 5 mL 硫酸溶液、5 mL 高氯酸及 2 mL 硫酸铁溶液，摇匀，然后边摇边缓慢地加入 16 mL 硫氰酸钠溶液、10 mL 氯化亚锡溶液，用水稀释至刻度，摇匀，静置 1 h。此系列标准溶液钼的质量浓度分别为 0 μg/mL、1.0 μg/mL、1.5 μg/mL、2.0 μg/mL、2.5 μg/mL、3.0 μg/mL。用 1 cm 吸收池，在波长 460 nm 处，以钼含量为 0 μg/mL 的标准溶液为参比溶液，将分光光度计的吸光度调零后，测定各标准溶液的吸光度。

显色溶液放置 1 h 后，还可稳定 1 h，测定应在此期间完成。

以各标准溶液的钼浓度（μg/mL）为横坐标，相应的吸光度为纵坐标，绘制工作曲线。

5.8.4.3　测定

根据钼含量吸取一定量试样溶液于 100 mL 量瓶中，于各量瓶中加入一定量水，使溶液体积约 50 mL，再加入 5 mL 硫酸溶液、5 mL 高氯酸及 2 mL 硫酸铁溶液，摇匀，然后边摇边缓慢地加入 16 mL 硫氰酸钠溶液、10 mL 氯化亚锡溶液，用水稀释至刻度，摇匀，静止 1 h。此系列标准溶液钼的质量浓度分别为 0 μg/mL、1.0 μg/mL、1.5 μg/mL、2.0 μg/mL、2.5 μg/mL、3.0 μg/mL。用 1 cm 吸收池，在波长 460 nm 处，以钼含量为 0 μg/mL 的标准溶液为参比溶液，将分光光度计的吸光度调零后，测定各标准溶液的吸光度。

5.8.4.4　空白试验

除不加试样外，其他步骤同样品测定。

5.8.5　分析结果的表述

钼含量 C（Mo）以质量浓度（mg/mL）表示，按式（6）计算：

$$C（\text{Mo}）=\dfrac{(C-C_0)\times100}{\dfrac{V\times V_1}{250}\times10^3} \tag{6}$$

式中：C——由工作曲线查出的试样溶液中钼的质量浓度，μg/mL；

$\quad\quad C_0$——由工作曲线查出的空白溶液中钼的质量浓度，μg/mL；

$\quad\quad V$——试料的体积，mL；

$\quad\quad V_1$——测定时，所取试液体积，mL。

$\quad\quad 50$——测定时，试样溶液的定容体积，mL；

$\quad\quad 250$——试样溶液总体积，mL；

$\quad\quad 10^3$——将微克换算成毫克的系数。

四水合钼酸铵 $[(NH_4)_6Mo_7O_{24}\cdot4H_2O]$ 含量 $C[(NH_4)_6Mo_7O_{24}\cdot4H_2O]$ 以质量浓度（mg/mL）表示，按下式计算：

$$C[(NH_4)_6Mo_7O_{24}\cdot4H_2O]=C(\text{Mo})\times1.840\,2$$

式中：1.840 2——钼折算为四水合钼酸铵的系数。

5.9　磷酸二氢钾含量的测定（磷酸喹啉重量法）

5.9.1　原理

在酸性介质中，磷酸根与喹钼柠酮形成沉淀，经过滤、干燥、称量，计算出磷酸二氢钾含量。

5.9.2　试剂

5.9.2.1　硝酸溶液：1+1。

5.9.2.2　喹钼柠酮溶液。

5.9.3　仪器

5.9.3.1　玻璃砂坩埚：滤板孔径为 5~15 μm。

5.9.3.2　电热恒温干燥箱：温度能控制在 180℃±5℃。

5.9.4　分析步骤

5.9.4.1　试验溶液的制备

量取料样约 1.0 mL 于 250 mL 容量瓶中，用水稀释至刻度，摇匀。

5.9.4.2　测定

用移液管移取 10 mL 试验溶液，置于 250 mL 烧杯中，加入 10 mL 硝酸溶液，加水至约 100 mL，盖上表面皿，加热至微沸，冷却至约 75℃，加入 50 mL 喹钼柠酮溶液（在加入试剂和加热过程中不应使用明火，不应搅拌，以免结块）。冷却至室温，在冷却过程中搅拌 3~4 次，用预先在 180℃±5℃ 烘干至质量恒定的玻璃砂坩埚抽滤。先将上层清液过滤，用倾析法洗涤沉淀 6 次，每次用水约 30 mL。将沉淀转移至玻璃砂坩埚中，继续用水洗涤沉淀 4 次。将玻璃砂坩埚连同沉淀置于电热恒温干燥箱中，于 180℃±5℃ 下干燥 45 min。取出稍冷，置于干燥器中冷却至室温，称量。

同时做空白试验。除不加试样外，其他加入的试剂量与试验溶液的完全相同，并与试样同时进行、同样处理。

5.9.5　结果计算

磷酸二氢钾（KH_2PO_4）含量 C（KH_2PO_4）以质量浓度（mg/mL）表示，按式（7）计算：

$$C（KH_2PO_4）= \frac{(m-m_0)\times 0.061\ 5}{V\times\dfrac{10}{250}} \tag{7}$$

式中：m——试验溶液生成磷钼酸喹啉沉淀质量的数值，mg；

　　　m_0——空白试验溶液生成磷钼酸喹啉沉淀质量的数值，mg；

　　　V——试料体积的数值，mL；

　　　0.061 5——磷钼酸喹啉换算成磷酸二氢钾的系数。

取平行测定结果的算术平均值为测定结果，两次平行测定结果的绝对差值不大于 0.3%。

5.10　腐植酸含量的测定

按 NY 1106 的附录 A 执行。

5.11　桉油含量的测定

按《中华人民共和国药典》桉油精含量测定法执行。

5.12　壳聚糖含量的测定

5.12.1　原理

壳聚糖在一定条件下水解后生成的氨基葡萄糖，与乙酰丙酮和对二甲基苯甲醛反应生成红色化合物，其产物可用分光光度法在 525 nm 波长处测定肥料中壳聚糖含量。

5.12.2　试剂和材料

5.12.2.1　盐酸溶液：1+1。

5.12.2.2　氢氧化钠溶液：200 g/L。

5.12.2.3　碳酸钠溶液：C（1/2 Na$_2$CO$_3$）= 0.5 mol/L。

5.12.2.4　乙酰丙酮溶液：取乙酰丙酮 210 mL，加入碳酸钠溶液至 50 mL，置冰箱中备用，应于使用前一日配制。

5.12.2.5　盐酸氨基葡萄糖标准溶液：ρ（盐酸氨基葡萄糖）= 0.100 mg/mL。称取 105℃干燥至恒重的盐酸氨基葡萄糖 0.5 g（准确至 0.000 2 g），置 500 mL 容量瓶中，加水溶解并稀释至刻度，摇匀，移取 10.00 mL，置于 100 mL 容量瓶中，加水至刻度，摇匀。

5.12.2.6　无醛乙醇。

5.12.2.7　对二甲氨基苯甲醛溶液：称取对二甲氨基苯甲醛 0.8 g，加无醛乙醇 15 mL 及盐酸溶液 15 mL，摇匀。

5.12.3　仪器

一般实验室仪器和设备，分析天平，分光光度计。

5.12.4　分析步骤

5.12.4.1　试验溶液的制备

称取试料 V mL（一般是几毫升，具体根据经验确定）于 100 mL 容量瓶中，加入 5 mL 盐酸溶液，加塞，摇匀，于 100℃水解 6 h，冷却，用氢氧化钠溶液中和至中性，用水稀释至刻度，摇匀，备用。

5.12.4.2　工作曲线的绘制

移取盐酸氨基葡萄糖标准溶液 0.00 mL、1.00 mL、2.00 mL、3.00 mL、4.00 mL、5.00 mL 分别置于具塞试管中，用水稀释至 5.00 mL，

各加入乙酰丙酮溶液 1.00 mL，摇匀，置 100℃ 水浴中（1 min 后盖塞）静置 25 min，取出，用冰水迅速冷却后，加入无醛乙醇 3.00 mL，于 60℃ 水浴中静置 10 min 后，再加入对二氨基苯甲醛溶液 1.00 mL，用力振摇后，于 60℃ 水浴中静置 1 h，取出立即用冷水冷却至室温，在波长 525 nm 处，用 1 cm 比色皿，以试剂空白为参比液，测其吸光值。

以系列标准溶液盐酸氨基葡萄糖质量为横坐标，对应的吸光值为纵坐标，绘制工作曲线。

5.12.4.3 试样的测定

移取试验溶液（5.12.4.1）1.00 mL 置于具塞试管中，用水稀释至 5.00 mL，各加入乙酰丙酮溶液 1.00 mL，摇匀，置 100℃ 水浴中（1 min 后盖塞）静置 25 min，取出，用冰水迅速冷却后，加入无醛乙醇 3.00 mL，于 60℃ 水浴中静置 10 min 后，再加入对二氨基苯甲醛溶液 1.00 mL，用力振摇后，于 60℃ 水浴中静置 1 h，取出立即用冷水冷却至室温，在波长 525 nm 处，用 1 cm 比色皿，以试剂空白为参比液，测其吸光值。

根据测得的吸光值，在工作曲线上查得对应的盐酸氨基葡萄糖的质量。

5.12.5 分析结果的表述

壳聚糖含量（mg/mL）按（8）式计算

$$C（CTS）= \frac{m}{V \times \frac{1}{100}} \times 0.830\ 9 \times 0.973 \tag{8}$$

式中：C（CTS）——壳聚糖浓度，mg/mL；

m——由工作曲线查得的盐酸氨基葡萄糖的质量，mg；

V——试样的体积，mg/mL；

0.830 9——盐酸氨基葡萄糖折算为氨基葡萄糖的系数；

0.973——氨基葡萄糖盐酸盐与壳聚糖换算系数。

5.13 真菌多糖含量的测定

5.13.1 原理

试样中相对分子质量大于 1×10^4 的高分子物质在 80% 乙醇溶液中沉淀，与水溶液中单糖和低聚糖分离，用碱性二价铜试剂选择性地从其他高分子物质中沉淀具有葡聚糖结构的多糖，用苯酚—硫酸反应以碳水化合物形式比色测定其含量，其显色强度与粗多糖中葡聚糖的含量成正比，以此计算试样中粗多糖含量。

5.13.2 试剂和材料

本方法所用试剂除特殊注明外，均为分析纯；所用水为去离子水或同等纯度蒸馏水。

5.13.2.1 乙醇溶液（80%）：20 mL 水中加入无水乙醇 80 mL，混匀。

5.13.2.2 氢氧化钠溶液（100g/L）：称取 100 g 氢氧化钠，加水溶解并稀释至 1 L，加入固体无水硫酸钠至饱和，备用。

5.13.2.3 铜试剂储备液：称取 3.0 g 硫酸铜（$CuSO_4 \cdot 5H_2O$），30.0 g 柠檬酸钠，加水溶解并稀释至 1 L，混匀，备用。

5.13.2.4 铜试剂溶液：取铜试剂储备液 50 mL，加水 50 mL，混匀后加入固体无水硫酸钠 12.5 g 并使其溶解。临用新配。

5.13.2.5 洗涤剂：取水 50 mL，加入 10 mL 铜试剂溶液、10mL 氢氧化钠溶液，混匀。

5.13.2.6 硫酸溶液（10%）：取 100 mL 浓硫酸加入 800 mL 左右水中，混匀，冷却后稀释至 1 L。

5.13.2.7 苯酚溶液（50 g/L）：称取精制苯酚 5.0 g，加水溶解并稀释至 100 mL，混匀。溶液置冰箱中可保存 1 个月。

5.13.2.8 葡聚糖标准储备液：准确称取相对分子质量 5×10^5 已干燥至恒重的葡聚糖标准品 0.500 0 g，加水溶解，并定容至 50 mL，混匀，置于冰箱中保存。此溶液 1 mL 含 10.0 mg 葡聚糖。

5.13.2.9 葡聚糖标准使用液：吸取葡聚糖标准储备液 1.0 mL，置于 100 mL 容量瓶中，加水至刻度，混匀，置于冰箱中保存。此溶液 1 mL 含葡聚糖 0.10 mg。

5.13.3 仪器

分光光度计，离心机（3 000 r/min），旋转混匀器。

5.13.4 分析步骤

5.13.4.1 样品处理

沉淀粗多糖：准确吸取液体样品 5.0 mL，置于 50 mL 离心管中，加入无水乙醇 20 mL，混匀 5 min 后，以 3 000 r/min 离心 5 min，弃去上清液，反复操作 3~4 次。残渣用水溶解并定容至 5.0 mL，混匀后，供沉淀葡聚糖。

沉淀葡聚糖：准确吸取上述沉淀粗多糖终溶液 2 mL 置于 20 mL 离心管中，加入 100 g/L 氢氧化钠溶液 2.0 mL 和铜试剂溶液 2.0 mL，沸水浴中煮沸 2 min，冷却，以 3 000r/min 离心 5 min，弃去上清液。残渣用洗涤液数毫升洗涤，离心后弃去上清液，反复操作 3 次，残渣用 10%（体积分数）硫酸溶液 2.0 mL 溶解并转移至 50 mL 容量瓶中，加水稀释至刻度，混匀。此溶液为样品测定液。

5.13.4.2　标准曲线的绘制

准确吸取葡聚糖标准使用液 0 mL、0.10 mL、0.20 mL、0.40 mL、0.60 mL、0.80 mL、1.00 mL（相当于葡聚糖 0 mg、0.01 mg、0.02 mg、0.04 mg、0.06 mg、0.08 mg、0.10 mg）分别置于 25 mL 比色管中，准确补充水至 2.0 mL，加入 50 g/L 苯酚溶液 1.0 mL，在旋转混匀器上混匀，小心加入浓硫酸 10.0 mL，于旋转混匀器上小心混匀，置沸水浴中煮沸 2 min，冷却后用分光光度计在 485 nm 波长处以试剂空白溶液为参比，1 cm 比色皿测定吸光度值。以葡聚糖浓度为横坐标，吸光度值为纵坐标，绘制标准曲线。

5.13.4.3　样品测定

准确吸取样品测定液 2.0 mL 置于 25 mL 比色管中，加入 50 g/L 苯酚溶液 1.0 mL，在旋转混匀器上混匀，小心加入浓硫酸 10.0 mL 于旋转混匀器上小心混匀，置沸水浴中煮沸 2 min，冷却至室温，用分光光度计在 485 nm 波长处，以试剂空白为参比，1 cm 比色皿测定吸光度值。从标准曲线上查出葡聚糖含量，计算样品中粗多糖含量。同时做样品空白实验。

5.13.5　分析结果的表述

样品中粗多糖含量（以葡聚糖计，mg/mL）按式（9）计算：

$$C\,(\mathrm{DT}) = \frac{(C - C_0) \times V_2 \times V_4}{V \times V_3} \tag{9}$$

式中：C（DT）——样品中粗多糖含量（以葡聚糖计），mg/mL；

C——样品测定液中葡聚糖的浓度，mg/mL；

C_0——样品空白液中葡聚糖质量，mg/mL；

V_1——沉淀粗多糖所用样品提取液体积，mL；

V_2——粗多糖溶液体积，mL；

V_3——沉淀葡聚糖所用粗多糖溶液体积，mL；

V_4——样品测定液总体积，mL。

5.14 胶体剂型黏度的测定

5.14.1 仪器

旋转黏度计（DNJ-7），恒温水浴锅。

5.14.2 测定步骤

按 DNJ-7 旋转黏度计和恒温槽说明书要求连接，水温 35℃±1℃，调零，选用第Ⅱ单元1转筒进行测定。

采样，摇匀，用移液管吸取约 14 mL 橡胶树营养增产素于转筒内，打开黏度计开关，待指针稳定后读数，重复测定3次，取数值接近的读数的平均值。

5.14.3 结果计算

黏度（mPa·s）＝刻度读数平均值×1（mPa·s）

5.14.4 允许差

两次刻度读数的相对误差小于±5%。

5.15 pH 值的测定

5.15.1 仪器

pHS-3C 型数字式或其他型号酸度计。

5.15.2 测定步骤

取约 15mL 橡胶树死皮康复营养剂于约 30 mL 烧杯，摇均，按 pHS-3C 型数字式或其他型号酸度计的使用说明测定。

5.15.3 结果计算

pHS-3C 型数字式或其他型号酸度计上的读数即为该样品的 pH 值。

6 标志、包装、运输、贮藏

6.1 标志

产品包装上应标有制造厂名与地址、产品名称、商标、产品型号或产品标记、制造日期、编号、产品执行标准、有效成分、净含量、使用说明书等。

6.2 包装

产品应用聚乙烯塑料灌装，包装规格为 1 L 或 25 L。

6.3 运输、贮存

6.3.1 运输过程要轻装轻卸，避免日晒和重压。

6.3.2 产品宜存放于仓库或有遮棚处。贮存场所保持常温、通风。

6.3.3 产品运输和贮放可堆放 1~3 层。

6.3.4 产品贮存期限：液体剂型 12 个月，胶体型 3 个月。在贮存期内产品没有或有少量沉淀。

致 谢

感谢中央财政林业科技推广示范资金（琼〔2021〕TG06号）、国家天然橡胶产业技术体系（CARS－33）、海南省重大科技计划（ZDKJ2021004）、国家重点研发计划（2022YFD2301200）、海南省重点研发计划（ZDYF2019105）、海南省自然科学基金（318QN268）等对相关研究的经费支持。

感谢中国热带农业科学院橡胶研究所领导、各职能部门和兄弟课题组对橡胶树死皮研究的关心、鼓励与帮助。感谢中国热带农业科学院试验场为研究提供长期稳定的试验场地。感谢国家天然橡胶产业技术体系各岗位科学家与试验站在技术研发、试验与示范过程中给予的坚定支持。特别感谢国家天然橡胶产业技术体系首席科学家黄华孙与栽培生理岗位科学家谢贵水在过去10余年中对本研究的大力支持。

感谢海南天然橡胶产业集团股份有限公司及其广坝分公司、阳江分公司、万宁分公司、山荣分公司，在技术试验示范熟化阶段提供资金、场地等各方面的支持。另外，感谢云南天然橡胶产业集团有限公司江城分公司、西盟分公司，云南省红河热带农业科学研究所、勐腊县橡胶技术推广站、景洪市经济作物工作站、耿马县地方产业发展服务中心、广东省三叶农场、广东省红五月农场等单位在技术研发与示范过程中鼎力协助。

最后，衷心感谢对相关研究给予指导、支持、关心和帮助的所有单位、部门和个人，衷心感谢为本书提出宝贵意见的相关专家。

编著者

2023 年 6 月